兽医临床诊疗宝典

观赏鸟病
诊疗原色图谱

王增年　主编

中国农业出版社

图书在版编目（CIP）数据

观赏鸟病诊疗原色图谱／王增年主编．—北京：中国农业出版社，2008.6（2025.3重印）
（兽医临床诊疗宝典）
ISBN 978-7-109-12622-0

Ⅰ．观…　Ⅱ．王…　Ⅲ．观赏鸟－禽病－诊疗－图谱
Ⅳ．S858．93-64

中国版本图书馆CIP数据核字（2008）第055867号

中国农业出版社出版
（北京市朝阳区农展馆北路2号）
（邮政编码 100125）
责任编辑　武旭峰

中农印务有限公司印刷　　新华书店北京发行所发行
2008年8月第1版　　2025年3月北京第5次印刷

开本：889mm×1194mm　1/32　　印张：6.75
字数：196千字
定价：68.00元
（凡本版图书出现印刷、装订错误，请向出版社发行部调换）

内容提要

　　本书主要介绍了40余种观赏鸟常见传染病、寄生虫病和普通疾病的诊断和防治实用技术。每种疾病重点介绍病原（因）、典型症状、诊断要点、防治措施与诊疗注意事项。文字简练，方法具体，并配有250余幅精美彩图，易懂、易学，便于操作。 适于兽医工作者和广大观赏鸟养殖者阅读和参考。

. . . .　[兽医临床诊疗宝典]

主编简介

王增年，男，教授，高级工程师，中共党员，主任，法人代表。

1963年毕业于师范大学生物系，任北京爱鸟养鸟协会秘书长、副会长。先后入编于《中国大百科专家人物传记》及《世界优秀专家人才名典·中华卷》。

多年来从事环保工作，主张保护大自然中一切鸟类，提倡人工繁育鸟，对鸟类方面的研究卓有成效，曾承担国家科委科研课题"圆明园鸟类与生态环境试验工程研究"，获国家科技进步奖。并为首都机场驱鸟工作出谋划策，解决飞机和鸟类飞行的矛盾。

另外，主持其他鸟类课题，研究了多种鸟药和鸟饲料添加剂，出版多种鸟类书籍，多达20余本，有《家庭笼养鸟》《家养鸟饲育大全》《牡丹鹦鹉》《养鸟与训鸽》《笼养鸟技术手册》《鸟系列丛书》《爱鸟观鸟和养鸟》《鸟的驯养及疾病防治新解》《养鸽全书》《世界国鸟与代表鸟》《龟的养护及疾病防治精要》《袖珍观鸟指南》《54种野生动物繁育技术》等。

丛书编委会名单

主　任　　陈怀涛

委　员　　(以姓氏笔画为序)

王新华　　王增年　　朱战波　　任克良

闫喜军　　闫新华　　李晓明　　肖　丹

汪开毓　　岳　华　　周庆国　　周诗其

胡薛英　　施振声　　贾　宁　　夏兆飞

崔恒敏　　程世鹏　　潘　博　　潘耀谦

编写人员

主　　编　王增年

副 主 编　王旭春　刘菊娥

编写人员　孙咬齐　王娜丽　王志怀　袁功英

　　　　　侯雅芹　邢　连　魏　伦　马淑娥

　　　　　郭自敏　刘　佳　杨　兵　尤志宏

　　　　　冀军炜　刘晓东　王　喆　王增年

　　　　　王旭春　刘菊娥　张文录　李全录

摄　　影　王旭春　刘菊娥　王　辉　王增年

　　　　　刘长镇

序　言

　　随着我国国民经济和畜牧业的不断发展，城乡居民对动物产品尤其肉、奶、蛋、毛、皮等质量的要求越来越高，然而各种动物疾病的频繁发生严重影响了畜牧业的发展，并给养殖业带来了巨大的经济损失。

　　为了使基层畜牧兽医工作者和动物养殖专业人员能较快学习并掌握多种动物主要疾病的基础知识和临床诊疗技术，中国农业出版社决定组织编写一套全彩丛书《兽医临床诊疗宝典》，这是很有意义的举措。本丛书编写工程的启动，旨在提高我国动物疾病防控工作的质量，促进畜牧业的健康发展，为养殖业及农牧民增收贡献力量。

　　参加本丛书编审工作的都是具有丰富兽医临床实践经验并收藏有大量珍贵彩色照片的兽医专家。这些专家的临诊经验和学术水平，保证了丛书的质量，使其具有科学性、实用性和可操作性。

　　本丛书主要收录各种动物的常见病、多发病，不仅将危害严重的传染病与寄生虫病作为重点，而且包括日益受到重视的营养代谢病、中毒病、其他疾病和肿瘤。每一疾病的内容都由病因或病原、典型症状和图片、诊断要点、防治措施及诊疗注意事项五部分组成。因此，本丛书的最大特点是图文并茂、简明扼要、重点突出、易于学习和应用。

本丛书出版之际，谨对全体编写人员的严谨学风和付出的艰辛劳动深表敬意！对中国农业出版社的大力支持致以谢意！颜景辰编辑在本丛书的整个编写和出版过程中做了出色的组织和协调工作，在此特表感谢！

祝贺《兽医临床诊疗宝典》丛书出版！相信其对我国养殖业的发展和动物疾病的防控必将发挥重要作用。

陈怀涛

2008 年 6 月

前　言

　　随着人们生活水平的提高，观赏鸟的饲养和培育逐步形成产业。但在养殖过程中，除了选育优良品种、加强饲养管理和饲料生产外，对疾病的防治更加不容忽视。国内外经验证明，由于近年来的禽流感、新城疫等疾病的暴发流行，往往造成重大经济损失和产生不良反响。

　　本书主要介绍了四十余种观赏鸟常见传染病和疾病的诊断、防治技术及常见疫病的观察和尸体解剖所见病变情况。文字简练，方法具体，并配有250余幅精美彩图，给判断观赏疾病提供了方便，从而易懂、易学。尤其对防治方法加以详尽介绍。此书在国内实属首写，对于观赏鸟的饲养培育和疾病防治是一重要贡献。适于兽医工作者和广大观赏鸟养殖者阅读和参考。

　　此书的编写尤其得到王旭春先生的鼎力相助，在此表示衷心的感谢。

　　编者集三十年实践经验而成此书，由于编者水平有限，书中缺点和不足，恳请广大读者批评指正，以便再版时加以补充和修改。

编　者

2008 年 6 月 8 日

目 录

序言
前言

新城疫病

【病因】新城疫病是由黏病毒科副黏病毒属的新城疫病毒引起的一种急性高度接触性传染病。该病传播迅速，多呈毁灭性流行，发病率高，死亡率可达90%以上。主要传染源是病鸟，经消化道和呼吸道感染。新城疫病毒可感染火鸡、珍珠鸡、山鸡、鹌鹑、鸽子等多种家禽，鸟食用了被病毒污染的饲料、水，经消化道被传染；带病毒的飞沫、尘埃也会进入呼吸道，继而被传染。此外，病毒也可以经过眼结膜、泄殖腔和皮肤进入鸟体内。

【临床症状】患本病的特征为呼吸困难，下痢，神经机能紊乱，黏膜和浆膜出血。本病的感染潜伏期为3～5天。根据临床表现和病程的长短，可分为急性、亚急性、慢性三种类型。

急性型：突然发病，常无症状而迅速死亡，多见于流行初期的幼鸟。

亚急性型：病鸟体温升高，精神沉郁，眼半闭，呈嗜睡状态，食欲减退，垂头缩颈，翅膀下垂，状似昏睡，咳嗽，呼吸困难，有黏液性鼻漏，常伸头、张口呼吸，鸣叫异常，发出"咯咯"的喘鸣声，口角流出黏液，粪便稀薄，呈黄绿色或黄白色。有的病鸟还出现神经症状。死亡率极高。

慢性型：慢性型多由急性转变而来，初期症状与急性型相似，不久后逐渐减轻；但同时出现神经症状，站立不稳，头颈向一侧扭转，动作失调，反复发作，最终瘫痪。病死率不高。

【诊断要点】根据发病情况和临床症状作初步诊断，必要时结合剖检来分析。剖检有时可见气管黏膜充血、出血，胃肠淋巴组织水肿、出血和坏死，泄殖腔黏膜出现纽扣样溃疡。血清血凝抑制抗体的检测有助于生前诊断。

【防治措施】高免血清和高免蛋黄液对此病有相当的治疗和预防作用。

预防本病应加强饲养管理，建立严格的卫生、防疫制度，定期用84

图1 神经系统症状

　　站立不稳，头颈向一侧扭转，动作失调，不能飞行。横转、侧卧地面挣扎。

图2 脚、翼麻痹，颈部扭转，尾部抽搐

图3　经解剖气管暴露后，所见整个气管广泛充血

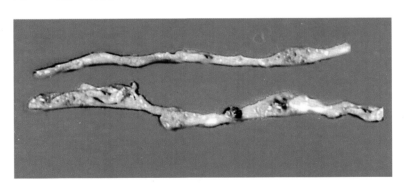

图4　肠黏膜坏死
　　病鸟肠道内病变隆起的部位为肠道出血点，出血严重的时候呈暗紫色，坏死的部位为淡粉色。

消毒剂、百毒杀、二氯异氰尿酸钠等消毒，以杀灭新城疫病毒。

　　预防此病最好的方法是免疫接种，按防疫程序定期使用新城疫疫苗预防接种：10日龄鸟用新城疫Ⅳ系疫苗点眼、滴鼻，30日龄鸟用新城疫Ⅳ系疫苗点眼、滴鼻；也可使用免疫增强剂——复方黄芪冲剂饮水，连用3～4天，效果较好。

　　平时加强管理，保持环境卫生，定期消毒；保证供给全价饲料，供给清洁的饮用水，平时可以饲喂一些笼养鸟繁殖预混料和营养添加剂。

病鸟用过的笼具、用具、水罐和食罐要彻底清洗、消毒。发病鸟要与其他健康鸟隔离，认真处理死鸟。新买入的鸟必须先隔离观察2周，确定无病后才能合群。

【诊疗注意事项】有些鸟患新城疫病时，多表现暂时性下痢，眼鼻分泌物增多，或仅见一侧翅下垂、腿麻痹或颈扭曲等神经症状，此时剖检通常缺乏病变。要进行病原的分离和鉴定来确诊此病。

马立克病

【病因】马立克病又称传染性肿瘤病。它是一种淋巴组织肿瘤样增生性疾病，以外周神经及多种组织器官中发生肿瘤性多形态淋巴样细胞浸润为特征。病鸟的外周神经、内脏器官、性腺、眼球虹膜、肌肉及皮肤发生淋巴细胞浸润和形成肿瘤病灶，病鸟最终因受害器官功能障碍而死亡。

病原：马立克病病毒属于疱疹病毒群的b亚群病毒。马立克病病毒对刚出壳的幼鸟有明显的致病力。该病毒对低温的抵抗力强，在16℃可存活220天。它对热的抵抗力较低，22～25℃保存48小时，37℃保存18小时，60℃时保存10分钟即全部死亡。常用消毒药对其有一定作用。

流行病学：本病主要感染禽类，哺乳动物不会被感染。它在病鸟体内以不完全病毒和完全病毒的形式存在。不完全病毒对外界环境的抵抗力较弱，而完全病毒具有较厚的囊膜，对外界环境的抵抗力较强。有囊膜的完全病毒自病鸟羽囊内排出，随皮屑、羽毛上的灰尘及脱落羽毛散播，飞扬在空气中，主要由呼吸道侵入其他鸟体内，也能伴随饲料、饮水由消化道入侵体内。病鸟的粪便和口鼻分泌物也具有一定的传染力。

【临床症状】本病可分为4种类型：神经型、内脏型、眼型、皮肤型，有时也可混合发生。

神经型：又称麻痹型。主要是由于淋巴样细胞增生侵害和外周神经的侵害，破坏坐骨神经、翼神经、颈部迷走神经和视神经等外周神经，而引起这些神经支配的一些器官和组织，如腿、翼、颈、眼的一侧性不全麻痹。当坐骨神经受损时病鸟一侧腿发生不全或完全麻痹，站立不稳，两腿前后伸展，呈"劈叉"姿势，为典型症状。当臂神经受损时，翅膀下垂；支配颈部肌肉的神经受损时病鸟低头或斜颈；迷走神经受损时鸟嗉囊麻痹或膨大，食物不能下行。一般病鸟精神尚好，虽有食欲，但往往由于出现神经症状、不能正常进食、饮水而导致衰竭，最后死亡。

内脏型：常侵害幼鸟，死亡率高，鸟主要表现为精神萎靡，食欲减退，羽毛松乱，眼结膜苍白，排黄白色或黄绿色下痢。迅速消瘦，脱水、昏迷，最后死亡。

眼型：又称灰眼病。一只眼或双眼被淋巴样肿瘤细胞浸润，表现瞳孔缩小，严重时仅有针尖大小；虹膜边缘不整齐，呈环状或斑点状，颜色由正常的橘红色变为弥漫性的灰白色，呈"鱼眼状"。眼底肿瘤增大时，瞳孔变为不规则或偏离虹膜中心，轻者表现对光反射迟钝，重者对光反射消失，最终失明。

皮肤型：皮肤也常常受到侵害，临床表现为：皮肤上的毛囊被增殖性或肿瘤性淋巴细胞浸润，患部毛囊周围的皮肤凸起、毛囊根部肿大、粗糙，呈颗粒状。当肌肉被浸润时，形成灰白色肿瘤结节状隆起，大多数在胸肌、腿肌和翼肌出现。病灶增大时可形成肿瘤。

【诊断要点】此病临床症状特征明显；剖检病变特征也很显著。

病理变化：神经型病理变化，以受损害神经(常见于腰荐神经、坐骨神经)的横纹消失，坐骨神经等外周神经出现灰白色肿瘤病灶，呈结节性或弥漫性分布，变成灰色或黄色，或增粗、水肿，比正常的大2~3倍，有时更大，多侵害一侧神经，有时双侧神经均受侵害。

内脏型病理变化：内脏多种器官出现肿瘤，肿瘤多呈结节性，为圆形或近似圆形，数量不一，大小不等，略凸出于脏器表面，灰白色，切面呈脂肪样。常侵害的脏器有肝脏、脾脏、肾脏、心脏、肺脏等。个别病例肝脏上不具有结节性肿瘤，但肝脏异常肿大，肝小叶结构消失，表面呈粗糙或颗粒性外观。性腺肿瘤比较常见，甚至整个卵巢被肿瘤组织代替，呈菜花样肿大，一般情况下法氏囊不见肉眼可见变化或可见萎缩。

图5　末梢神经受到损坏，临床上会出现麻痹症状，表现为头部向后仰或向腹侧捻转

图6　坐骨神经的损坏，临床症状则表现为瘫痪或呈劈叉姿势

图7　末梢神经受到损坏后，虽细胞浸润较轻，但水肿较严重，导致末梢神经的一部分形成肿瘤

图8 病禽在死亡后，解剖时通常会发现，脾脏肿大、脾实质多发微细的灰白色的病灶

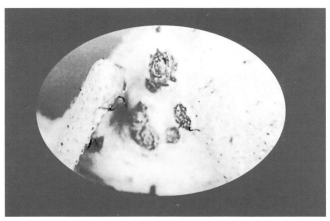

图9 毛囊根部肿大、粗糙，呈颗粒状，形成灰白色肿瘤结节状隆起

【防治措施】本病无特效药物。预防本病以接种疫苗为上策。平时要注意消毒杀菌，饲料中适量加些维生素，防止感染其他疾病。一旦确诊为本病的病鸟，应立即淘汰，并进行焚烧或深埋，鸟笼、鸟舍及用具作严格彻底的消毒。

【诊疗注意事项】要注意与白血病相鉴别，确诊有赖于作进一步的病理组织学检查。

禽 痘

【病因】本病是由病毒引起的一种接触性传染病，引发本病的病原是痘病毒科的多种病毒，最少有4种病毒型，如鸽痘病毒、鹦鹉痘病毒、金丝雀痘病毒和芙蓉鸟痘病毒等。一般说来，不同的痘病毒，其宿主不同。试验结果表明，金丝雀、鸽、麻雀、鹌鹑和椋鸟等痘病毒是痘病毒科禽痘病毒属的成员，而鹦鹉痘和八哥痘两种病毒则是该属中的不同成员。多种野生禽类较易感染本病，鸟类中有大约20个科的60多种鸟都能自然感染，如金丝雀、麻雀、燕雀、鸽、椋鸟等常发生痘疹。病毒通常存在于病禽落下的皮屑、粪便以及随喷嚏和咳嗽等排出的排出物中。上述污物到达健康鸟的皮肤和黏膜的缺损中时，可引起发病。另外，吸血虫有传播此病的作用，蚊子的带毒时间可达10～30天。禽痘病毒对外界环境的抵抗力相当强。在上皮细胞屑中的病毒，虽然完全干燥和被直射日光作用数周，还不致被杀死；加热至60℃需经3小时才被杀死，在－15℃以下的环境中可保持活力多年。1%的火碱、1%的醋酸或0.1%的升汞可于5分钟内杀死此病毒。

【临床症状】发病季节主要是夏季和秋季，此时发病的绝大多数为皮肤型。冬季发病的较少，常为黏膜型。潜伏期为4～8天，通常分为皮肤型、黏膜型、混合型，偶有败血型。

皮肤型：此病以头部皮肤多发，有时见于腿、泄殖腔和翅内侧，形成一种特殊的痘疹。起初出现麸皮样覆盖物，继而形成灰白色小结，很快增大，略发黄，相互融合，如不发生继发感染，最后变为棕黑色痘痂，经20～30天脱落。病鸟食欲减退，精神不振，可见下痢，严重者高度衰弱，可在1周内死亡。此病一般发生在夏季和秋季。

黏膜型：也称白喉型，病鸟起初流鼻液，有的流泪，2～3天后在口腔和咽喉黏膜上出现灰黄色小斑点，很快扩展，形成假膜，有时甚至在眶下窦、气管和食道的黏膜表面出现假膜，如用镊子撕去，则露出溃疡灶。病鸟全身症状明显，采食与呼吸发生障碍，眶下窦肿胀，食欲不振，甚至废食，最后可死于窒息。此病通常在冬季发生。

图10　发生在牡丹鹦鹉眼鼻周围的病毒感染

图11　发生在火鸡头颈部的皮肤痘疮

图12　发生在鸽鼻端、口角、眼睑及其周围形成的肉色痘疹

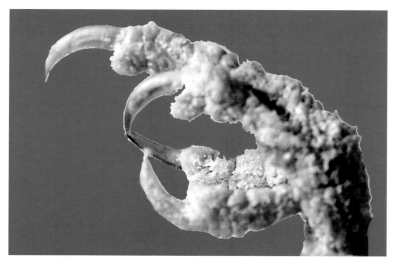

图13　痘疹

发病初期出现麸皮样覆盖物，继而形成灰白色小结，很快增大，颜色略发黄，相互融合，连成一片。

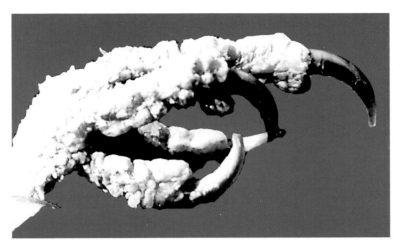

图14　痘疹

　　同图13，皮肤出现麸皮样覆盖物，继而形成灰白色小结，增大，颜色略发黄，连成一片。

图15　痘疹

　　同图14，皮肤出现麸皮样覆盖物，继而形成灰白色小结，增大，颜色略发黄，连成一片。

混合型：在同一病鸟身上同时出现上述两种类型的症状和病变，皮肤和黏膜均被侵害。此时病情更为严重，全身症状更为明显，致死率较高。

败血型：较为少见。

【诊断要点】皮肤型禽痘病例不难作出诊断，观其外表便可得知。黏膜型禽痘病例则要注意与白色念珠菌病、毛滴虫病和维生素A缺乏症等相鉴别。确诊要进行痘病毒的分离培养和作种属的鉴定。

【防治措施】此病至今无特效的治疗药物，一般进行隔离和对症治疗。皮肤型痘疹在用消毒剂冲洗后，剥除痘痂，涂上碘酊、紫药水或蛋白银软膏。黏膜型的痘痂（假膜）经小心剥离后，宜用碘甘油涂布。眼部的病灶要先挤出干酪样的物质，再用2%硼酸溶液洗净，最后滴一二滴5%的蛋白银液。全身症状明显者，在局部治疗的同时，要口服抗生素、维生素A和维生素C等药物，用来缓解临床症状。也可在饲料里拌药，每千克饲料可加土霉素2克，连用5～7天，防止继发感染。

加强日常饲养管理，搞好环境卫生工作，做好防蚊工作。新购入的鸟，要经过隔离观察2周，发现无异常情况后再合群。此病可尝试用鸡痘疫苗预防。

【诊疗注意事项】在治疗中剥脱的痘痂、假膜和干酪样物质等要集中烧毁，以防继发感染。

法氏囊病

【病因】本病病毒为传染性法氏囊病毒，属于呼肠孤病毒科。本病是由传染性法氏囊病毒引起的一种鸡的急性、接触性、免疫抑制性传染病，主要侵害雏鸡及幼龄鸡。病毒主要侵害鸡的体液免疫中枢——法氏囊，通过使鸡法氏囊的淋巴细胞生长受到破坏，降低或不能产生免疫球蛋白，从而导致免疫机能发生障碍。幼龄鸟易感染。对各种疫苗的应答反应降低，对其他多种疾病的易感性增高，即出现免疫抑制现象。传播方式包括直接接触和通过饲料、饮水、垫料、粪便、尘土、笼具、人员衣物等间接传播。这种病毒不仅能通过呼吸道和消化道传染，还能通过鸟卵进行传染，某些昆虫也能带毒传播，如鸟舍内的螨、蚊及小甲虫等都能带毒传播。

【临床症状】 典型的法氏囊病发病率较高，一般可达30%～80%，病程短，呈尖峰死亡曲线，病死率一般为20%～30%，高者达50%～80%，症状消失快，病程一般1周左右，于感染后第3天开始出现死亡，4～6天达高峰，8～9天即停息。

本病的主要特征：此病的潜伏期很短，病鸡精神沉郁，采食量减少，畏寒，精神萎靡，缩头，闭眼，不愿走动，伏地昏睡，羽毛松乱，颤栗，两翅下垂，闭目无神，极度虚弱。最后极度衰竭而死。

腹泻，最初发现有些鸟有啄自己肛门的现象，寒颤，接着病鸟羽毛蓬松，排白色水样稀粪或稍黏稠的白色粪便，个别粪便带血，眼窝凹陷，肛门周围的羽毛常被沾污，进而出现脱水，最后衰弱死亡。剖检可见肾脏发生病变。

病理剖解可见法氏囊肿大，外观呈胶冻样，剖检大多可见点状出血或出血斑，严重者法氏囊内充满血块，呈紫红色。病程稍长的法氏囊萎缩，呈灰黑色，有的法氏囊内有干枯样坏死物。肾肿大，呈花斑状，输尿管内有尿酸盐沉积。

图16　传染性法氏囊发病鸟精神高度沉郁、极度虚弱、伏地不起

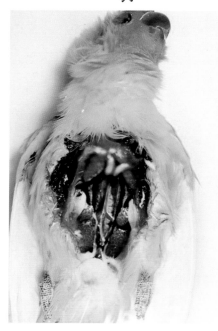

图17 法氏囊水肿，肾脏肿大，小叶灰白色状

图18 法氏囊及肾脏均肿大，肾小管有尿酸沉积。病鸟死亡后病理解剖呈花斑肾

图19 粪便带血的病鸟,经解剖后发现肠道内呈弥漫性充血

【诊断要点】根据发病情况和临床症状,结合剖检病变可作出诊断。鉴别诊断如下。

1．鸟新城疫 临床症状主要表现为呼吸困难,发出"咯咯"的喘鸣声,口角流出黏液,常作甩头和吞咽动作,排黄绿色或黄白色稀粪,后期出现神经症状,翅、腿麻痹。剖检可见腺胃出血,盲肠、扁桃体、法氏囊也有出血、坏死现象,但新城疫死亡率高,肠道有溃疡,而传染性法氏囊病没有呼吸道和神经症状等,并且流行时间也较新城疫短。这是两者最明显的区别。

2．磺胺类药物中毒 胸、腿部肌肉出血,肾苍白肿大,有磺胺结晶,有使用磺胺类药物的历史,停喂磺胺药物后病情可好转和停息。

3．马立克氏病 患病时法氏囊也可能肿大或缩小,但还有典型的神经症状和病变,剖检时可见内脏器官的肿瘤结节。

4．肾型传染性支气管炎 主要注意肾脏病变方面的区别。

【防治措施】本病目前尚没有有效的治疗方法。建议注射鸡传染性法氏囊炎高免血清,每只0.4毫升肌注,注射一次即可。也可注射抗传染性法氏囊炎高免卵黄,每只1毫升。

　　喂以肾肿解毒药、电解多维或速补－14、恩诺沙星或氧氟沙星、环丙沙星等药以提高机体抵抗力，可消除肾肿及腹泻症状。

　　平时要对幼鸟加强护理，寒冷季节要保温，饲料中适当增加多种维生素。饮水中可加4%～5%的葡萄糖，以补充热能，改善体质。鸟舍要定期消毒杀菌，首推的消毒药为甲醛，此外毒菌净、新洁尔灭等也有一定效力。

帕氏鹦鹉病

　　【病因】这是一种主要危害鹦鹉类鸟的病毒性传染病，其病原是一种疱疹病毒。在自然条件下，所有鹦鹉类的鸟都有易感性。

　　【临床症状】多数感染此病的鸟突然死亡可能是本病第一个可见的临床症状，也有一些鸟感染后，仅见其羽毛松散，精神不振，发病后1～2天即死亡。

图20　病鸟突然死亡可能是本病第一个可见的临床症状，羽毛松散，精神不振

【诊断要点】除以上临床症状外，剖检病变主要见于肝脏。其肝脏颜色苍白，有多发性灶性或弥漫性坏死，出现斑点状出血现象。

【防治措施】目前对此病还没有理想的治疗及预防方法。一旦发现病鸟要马上隔离，对其鸟笼及用具等要进行彻底的消毒。要加强进口鸟的检查和检疫，防止引入病原，这在预防本病上具有重要意义。

传染性喉气管炎

【病因】该病是由病毒引起的一种急性呼吸道传染病，其病原传染性喉气管炎病毒属疱疹病毒科、疱疹病毒属的一个种群。病毒粒子呈球形，为二十面体立体对称，核衣壳由162个壳粒组成，在细胞内呈散在或结晶状排列。中心部分由DNA所组成，外有一层含类脂的囊膜，完整的病毒粒子直径为195～250纳米。该病毒只有一个血清型，但有强毒株和弱毒株之分。病毒主要存在于病鸟的气管及其渗出物中，被病毒污染的垫料、饮水、饲料、用具、笼具可成为传播媒介。舍内养鸟过多，通风不良，维生素缺乏，寄生虫感染，都可诱发和促使本病发生。

【临床症状】由于病毒的毒力不同、侵害部位不同，传染性喉气管炎在临床上可分为喉气管型和结膜型，由于病型不同，所呈现的症状亦不完全一样。

喉气管型：是高度致病性病毒株引起的，其特征病鸟表现精神萎靡，食欲不振，呼吸困难，抬头伸颈，头低垂或向一侧弯曲，眼睛和鼻孔中聚有少量分泌物，张口呼吸，喘气，喷出带血的黏液或凝固的血液，并发出响亮的喘鸣声，表情极为痛苦，有时蹲下，身体就随着一呼一吸而呈波浪式的起伏；咳嗽或摇头时，咳出血痰，血痰常附着于墙壁、水槽、食槽或鸟笼上，若喉头、气管被血液或纤维蛋白凝块堵塞，病鸟会窒息死亡，死亡时多呈仰卧姿势。

结膜型：是低致病性病毒株引起的，其特征为眼结膜炎，眼结膜红肿，1～2日后流眼泪，眼分泌物从浆液性到脓性，最后导致失明，眶下窦肿胀。

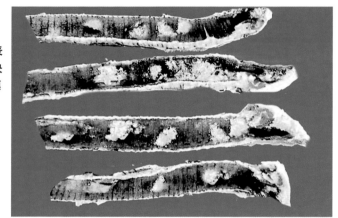

图21 患病鸟呼吸困难，呼吸时张口，并不时地发出"咯咯"的喘鸣声

图22 气管黏膜表面充血并伴有大块黄白色干酪样假膜

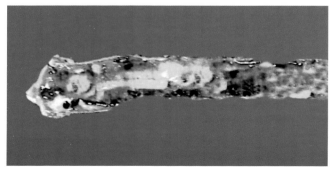

图23 喉头和气管内充血，并有大量的渗出物、血块，重者出现出血性黏膜剥离及黄色伪膜样渗出物

【诊断要点】 病鸟呼吸困难，咳出含有血液的分泌物是本病的特征。

【防治措施】 目前尚无有效的治疗药物，但是一旦产生了免疫力，病鸟即能迅速恢复。可试用樟脑水肌注，缓解呼吸困难。对病鸟要加强护理，注意保暖、通风，饲料中适当加一些多维素，酌用土霉素等控制继发感染。

接种疫苗可以较为有效地预防本病。平时要注意环境卫生，经常消毒，本病毒的抵抗力很弱，对一般消毒剂都敏感，如3%来苏儿或1%苛性钠溶液1分钟即可杀灭。

传染性支气管炎

【病因】 鸟传染性支气管炎是由冠状病毒科的传染性支气管炎病毒引起的一种急性、高度接触性传染病。本病的主要传播方式是病鸟从呼吸道排出病毒，经空气飞沫传染给易感鸟，此外可通过被污染的饲料、饮水、笼具等经消化道传染。过热、严寒、拥挤、通风不好及维生素、矿物质供应不足均可促使本病发生。

以呼吸道症状或肾脏病变为主要特征。

【临床症状】 病鸟常表现为伸颈、张口呼吸，有明显的呼吸困难，吸气时伸长脖子并发出喘鸣声，咳嗽或甩头时有的将带血的黏液甩出，个别鸟的嘴上沾有血迹。有的因血块、黏液或坏死物堵塞喉头造成窒息而突然死亡。喉和气管充血、出血并有带血的黏液附着，严重时整个气管黏膜呈红色。覆盖有黄白色纤维素性干酪样假膜，气管内充满血凝块或干酪样物。打喷嚏、呼吸时发出特殊声音，以夜间最明显。随着病情发展，病鸟全身衰弱，精神不振，食欲减退，羽毛松乱，昏睡，翅下垂，鼻窦肿胀、流黏性鼻液，眼泪多，逐渐消瘦。一般不出现下痢。

临床上，近几年发现有的病鸟，有轻微的呼吸症状，很难听到呼吸音异常。但病鸟精神萎靡，垂头垂翼，肛门排便频繁，为水样性灰白色稀便。数日后常因继发肾炎而死亡。

剖检：病变出现在结膜和整个呼吸道，但最常见于喉部与气管。气管和喉头的组织变化轻则刚刚出现过量黏液,重则出现出血和白喉样变,温和型传染性喉气管炎可能仅出现结膜炎、窦炎和黏液性气管炎。严重感染时,初期为黏液性炎症,随后出现变性、坏死和出血。常常出现白喉样病变,在整个气管内可观察到黏液团。严重病例在气管内形成血块或者血液中混杂黏液和脱落的黏膜。炎症可向下扩展到肺部和气囊。

【诊断要点】患本病的主要特征为咳嗽、打喷嚏和气管发出啰音。

【防治措施】各种药物对于本病均无直接疗效,但应当用土霉素、复方泰乐菌素等防止继发感染,连用3～5天。对病鸟加强护理,主要搞好保温和卫生工作,保持空气新鲜,饲料中适当增加维生素。进行免疫接种可有效预防本病。

图24 患病的鸟临床表现为:呼吸困难、张口呼吸

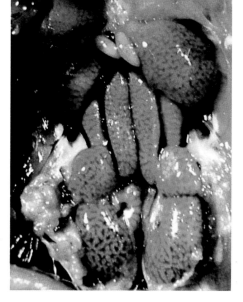

图25 解剖时所见:肾肿大,集尿管扩张而且沉积大量的尿酸盐

图26 解剖时肉眼可见：气管壁变厚，发白，水样黏液增多

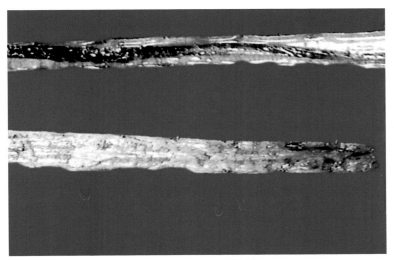

图27 病鸟解剖后，气管壁出现出血性黏膜剥离

病毒性肝炎

【病因】 鸟病毒性肝炎是相似于鸭病毒性肝炎的一种传染病，是由鸭肝炎病毒引起的一种具有急性、高度接触性、致死性的传染病，在世界范围内均有不同程度的存在。病毒性肝炎自然暴发时仅发生于雏鸟，发病率可高达100%，主要为3周龄以内的雏鸟，以4～8日龄最为易感。一年四季均可发生，其发病急、传播迅速、死亡率高。饲养环境和条件的突然改变、长途运输等，均可引起应激作用，使鸟的免疫力下降，引发本病。此病一般经消化道感染，在病鸟的排泄物中含有病毒。

【临床症状】肝炎病毒的潜伏期一般为1～2天，一般雏鸟发病初期表现为精神萎靡，羽毛松乱，缩颈呆立，眼半闭呈昏睡状，食欲不振至厌食、绝食；发病12～24小时即出现神经症状，个别鸟还会不停地打呵欠、闭眼。病鸟全身性抽搐、运动失调、两腿痉挛，头向后仰呈角弓反张状，身体倒向一侧或就地旋转，数小时后死亡。也有的雏鸟不见任何症状便突然死亡。剖检主要病变在肝脏，表现为肿大、质地脆弱，色泽暗淡或发黄(小日龄的多呈土黄或红黄色)，表面散布有大小不等的出血点或斑状出血灶。此外，胆囊肿大，充满褐色、淡茶色或淡绿色的胆汁；脾、肾有时也肿大。

图28 造成中枢神经紊乱，临床上出现扭头、转圈、抽搐及角弓反张

图29 临床上部分患鸟表现为：肝脏肿大而且有弥漫性出血。极个别患鸟伴有胰脏出血

图30 病鸟全身性抽搐、运动失调、两腿痉挛

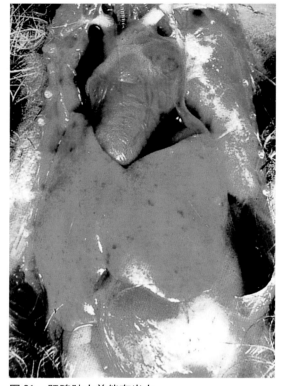

图31　肝脾肿大并伴有出血

【诊断要点】此病诊断须剖检。剖检最具特征性的变化在肝脏，即肝脏肿大，颜色变成深褐色，肝表面有出血点；胆囊也肿大，胆汁过多。此外还可见到有腹水、肺水肿、心包炎和气囊炎的现象。

【防治措施】预防本病最有效的方法是注射疫苗。此外，要加强日常饲养管理，养鸟地点要尽量远离禽类养殖场。

如果已经发病，可以注射高免血清进行治疗。

【诊疗注意事项】如果剖检还不能确诊，那么可以取病鸟肝脏制成悬液作为病料，接种鸭胚尿囊腔，进行病毒分离。再用已知阳性血清和分离到的病毒作中和试验进行鉴定，可以确诊。

鸽 I 型副黏病毒病

【病因】鸽 I 型副黏病毒病是由鸽 I 型副黏病毒引起的急性、热性、接触性传染病，是危害养鸽业最为严重的疾病之一，是近几年从国外引进鸽时传入国内的。自1985年以来，我国某些口岸动检所均先后报道查出此病。此病常常是从外地引进新鸽之后在鸽场发生。本病的特征是20%～60%均出现神经症状，主要病理变化为皮下、腺胃、肌胃及肠道黏膜出血。

【临床症状】此病一旦传入鸽场后，来势迅猛，病死率高。

临床表现以腹泻和神经症状为特征。发病初中期精神沉郁，病鸽腹泻，排绿色粪便，肛门周围沾满绿色粪便，部分鸽急性死亡。中后期出现中枢神经紊乱。临床表现为：头颈扭曲或歪斜，采食困难，双翅下垂，站立不稳，转圈运动，最后废食，极度消瘦，脱水而死。部分病例在死亡后进行病理解剖时发现，腺胃、肌胃、肠黏膜、泄殖腔黏膜均有出血及溃疡。个别病例脾脏发生充血、出血、坏死，肾脏肿大，肾小管有大量的尿酸盐沉积，心内膜出血。

【诊断要点】上述临床症状在鸟患其他多种病时也会出现，所以要确诊须借助于剖检。病鸟死后剖检可见个别腺胃、肌胃乳头出血，胃可能变绿色，脑水肿并伴有少量出血，脾脏肿大，肠道黏膜充血潮红，易于脱落。

【防治措施】此病无有效药物可治。可试用中药银翘解毒片，1次1片，每天2次，连喂3～5天。也可用黄芩100克、桔梗70克、半夏70克、桑白皮80克、枇杷叶80克、陈皮30克、甘草30克、薄荷30克（后下），煎水供100只鸽饮用，每天一剂，连用3天。还可用金银花、板蓝根、大青叶各20克，煎水饮用或灌服，每只鸽子每次5毫升。

据资料报道，受 I 型副黏病毒感染的鸽群，其发病率和死亡率不一致。似乎与气温也有关系：气温越高，死亡率越高。在炎热的夏季，死亡率几乎达100%。因此，在夏季更应做好此病的防疫工作。

图32 患鸽头颈后仰、歪头、扭颈、翅膀麻痹

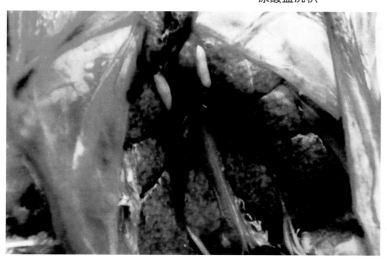

图33 患鸽肾脏肿大，肾小管里有大量的白色尿酸盐沉积

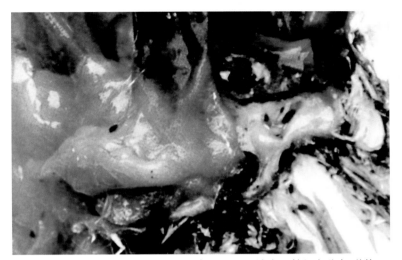

图34 患鸽直肠出血，泄殖腔周围皮肤及羽毛被大量的绿色粪便附着

图35 患鸽肠黏膜大面积脱落，其黏膜下层严重出血，肠道内有红色黏稠状的渗出物

加强饲养管理和清洁消毒,提高鸽群对疾病的抗病力,制定合理的免疫程序,进行有效的免疫接种,采用局部免疫和全身免疫相结合、新城疫与鸽 I 型副黏病毒病免疫相结合的免疫原则。剂量及用法如下:

首免	15 日龄	LaSota 2 羽份 / 只	点眼滴鼻
二免	25～30 日龄	LaSota 4 羽份 / 只	肌注
		PPMV - I 、新城疫二联油乳灭活苗 0.5 毫升	肌注
三免	45～55 日龄	LaSota 2 羽份 / 只	饮水
		I 系苗 1 羽份 / 只	肌注
		PPMV - I 、新城疫二联油乳灭活苗 0.5 毫升	肌注

以后每半年重复上述免疫程序一次,每 1～2 月用 LaSota 2～4 羽份 / 只饮水、滴鼻点眼或喷雾一次。

长尾鹦鹉雏鸟病

【病因】这是由乳多空病毒引起的一种主要危害长尾鹦鹉雏鸟的病毒性传染病。在自然条件下,此病主要发生于长尾鹦鹉,特别是 1～3 周龄的雏鹦鹉。

【临床症状】病鸟表现为精神不振,食欲下降或废绝,嗉囊臌胀,腹部隆起。病鸟常于发病后 1 天内死亡,死亡高达 50% 左右。

【诊断要点】本病以心脏肿大,心包积水和肝脏肿大坏死为特征。剖检病变包括心包液明显增多,心脏体积明显增大,肝脏肿大,并常有坏死。

【防治措施】迄今为止还没有理想的治疗方法。

加强饲养管理,降低鸟饲养的密度,搞好清洁卫生工作,定期消毒,严格检验检疫制度,防止引入病原。种鸟可以试用疫苗进行免疫接种。

图36 雏鸟脱羽症，其羽毛杂乱不整，身体消瘦

图37 患病雏鸟病理片

大肠杆菌病

【病因】本病病原为大肠埃希氏菌，通常称为大肠杆菌。在自然界广泛存在，也是动物肠道内的常栖居菌，许多菌株无致病性，而且有益，能生成维生素B、维生素K，供寄主利用，并对许多病原菌有抑制作用。大肠杆菌的一部分菌株有致病性，或者平时不致病，而在寄主体质减弱的情况下能致病。

各类动物、野生鸟和观赏鸟皆易感染。通常由于卫生条件差，维生素和其他营养物质缺乏，或有其他疾病时，多易发此病。传染途径有3条：一是母源性带菌垂直传递给下一代；二是种蛋本来不带菌，但由于蛋壳上所沾的粪便等污染带菌，从而在孵化时侵入卵的内部；三是接触传染，大肠杆菌从消化道、呼吸道、肛门及皮肤创伤等门户都能入侵。饲料、饮水、垫料、空气等是传播媒介。

【临床症状】大肠杆菌病在临床上有多种病型：脐炎、气囊炎、急性败血症、全眼球炎、肉芽肿、输卵管炎和蛋黄腹膜炎等。以下是几种常见类型：

1. 脐炎型　幼鸟脐炎一般是大肠杆菌与其他病菌混合传染造成的。本病主要发生于出壳初期。出壳雏鸟脐孔红肿并常有破溃，后腹部胀大、皮薄、发红或呈青紫色，常被粪便及脐孔渗出物污染。粪便黏稠，黄白色，有腥味。病鸟全身衰弱，闭眼，垂翅，懒动，很少采食或废食，有时尚能饮水，较易死亡。

2. 气囊炎型　本病通常是一种继发性感染，病鸟有呼吸道疾病时，对大肠杆菌的易感性增高，如吸入含有大肠杆菌的灰尘极易发生此病。病鸟的气囊增厚，附着多量豆渣样渗出物，而且此病常常由于原发病的掩盖而不表现出特殊症状。

3. 急性败血型　这是大肠杆菌病中危害最大的一种类型。最急性的病例常常不见任何症状而突然死亡。病程稍长者，病鸟精神沉郁，羽毛松散，食欲不振或废绝，鼻分泌物明显增多，呼吸困难，肺部有啰音，时常伴有腹泻。本病剖检的特征性病变是纤维性的心包炎、肝周炎和腹膜炎；肝脏和脾脏变色，有大小不等的坏死灶；双肺有灰红色实变区。

4. 全眼球炎型　本病一般发生在大肠杆菌败血症的后期。少数鸟的眼球由于大肠杆菌的侵入而引起炎症，大多数是单眼发炎，也有双眼发炎的。表现为眼皮肿胀，不能睁眼，眼内蓄积脓性渗出物，角膜浑浊，严重时失明。病鸟精神沉郁，蹲伏少动，觅食困难，最后死亡。

【诊断要点】可以依据临床症状作初步诊断，但要注意与其他病的区别，特别是急性败血型的大肠杆菌病要与有类似表现的禽霍乱、衣原体病等相区别。确诊要进行病原菌的分离培养鉴定及致病性试验，必要时可以请兽医检验部门进行血清定型。

图38 病鸟精神食欲均欠佳，羽毛逆立，双翅下垂。排出黄绿色及白色的稀便

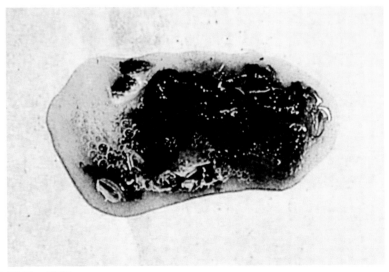

图39 腹泻

呈水样、带有泡沫的黄白色下痢，并可见黄绿色粪块及红褐色盲肠便。

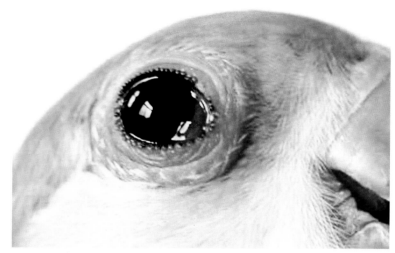

图 40　眼炎
　病鸟大多数是单眼发炎，也有双眼发炎的。表现为眼皮肿胀，眼内蓄积脓性渗出物，角膜浑浊，严重时失明。

【防治措施】磺胺类和抗生素类等多种抗菌药物对本病都有治疗作用，在用药前最好做药敏试验，以此为根据来选择药物，以增强疗效。一般情况下可用庆大霉素，每千克饮水加 1 万国际单位，连用 5～7 天。

　　如果是幼鸟脐炎，要加强对病雏的护理，保持温度和卫生。可以每千克饮水中加庆大霉素 8 万国际单位，连用 5 天，再交替使用土霉素、痢特灵等拌料。对不食的重病鸟，可每只每天用庆大霉素 20 万国际单位，溶于少量清水或 10%～15% 的糖水中，分两次经口腔滴服。连续数日，脐部破溃者可涂紫药水。

　　如果有眼炎，在服药的同时，用微温水加少许卡那霉素、庆大霉素等洗眼，每天 2 次以上。

　　预防本病关键是加强饲养管理，保证提供全价饲料，搞好清洁卫生工作，把好孵化关，这是预防的关键。

沙门氏菌病

【病因】本病是幼龄鸟常见的疾病，禽沙门氏菌病是由沙门氏菌属中的一种或几种沙门氏菌（G⁻）引起的禽类的急性或慢性疾病的总称。由于可以垂直传播，因此，发病率极高。本病可经过不同途径传染，带菌鸟是主要的传染源，被粪便污染的饲料、饮水及垫料也可传染。此外，冷热不均、不卫生、营养不良等，均可引起本病的发生。在饲养管理不良和缺乏有效防治措施的情况下死亡率很高。

禽伤寒是由禽伤寒沙门氏菌引起的一种散发性、急性传染病，主要侵害成年鸽，幼鸽偶有感染。家鸡、火鸡、野鸡、鸭、鹅、麻雀、孔雀、鹧鸪、鹦鹉、金丝雀等均易感染本病。本病主要经消化道传染，病鸟粪便、分泌物中含有大量的细菌，污染的土壤、饮水和饲料、用具等都可为传染源。病愈鸟可带菌，并且不定期地通过粪便向外排出病原菌，还可通过种蛋传给雏鸟。

禽副伤寒是由多种能运动的沙门氏菌，特别是由鼠伤寒沙门氏菌引起。各种年龄的鸟均可发病，但幼鸟更易感染，常造成大批死亡。当鸟处于应激状态，如受惊、长途运输、过度飞翔、饲养管理不良、营养不足时，均可诱发禽副伤寒。带菌的鸟、被污染的饲料和饮水、飞鸟、鼠类、苍蝇、蟑螂等均能传播本病。此病主要通过消化道传染，此外也可由呼吸道及皮肤伤口传染。

【临床症状】禽白痢以下痢为主要特征。本病雏鸟和成鸟有明显区别，雏鸟潜伏期3～4天，多数病鸟精神沉郁，嗜睡，喜躲在昏暗处，缩颈，眼半闭，怕冷，羽毛蓬松，双翅下垂，食欲下降，渴欲增加，呆立不动，腹泻，最典型的是排出白色乳糜样粪便，有时淡黄色或带血。肛门沾满粪便的病雏鸟在排便时常发出尖锐鸣叫声。此外常常伴有体温升高、呼吸困难等现象，死亡率较高。

鸟患禽伤寒时表现精神萎靡，离群呆立，反应迟钝，垂头嗜睡，体温升高，呼吸急促，口渴喜饮，食欲下降以致最终废绝，腹泻下痢，粪便呈黄色或黄绿色，有时带有血丝。有的病例，关节肿胀，病鸟蹲伏在地。慢性病鸟出现消瘦、贫血，最后有些病鸟甚至会于昏迷状态中死亡。此病潜伏期一般为 4～5 天，病程 1 周左右。

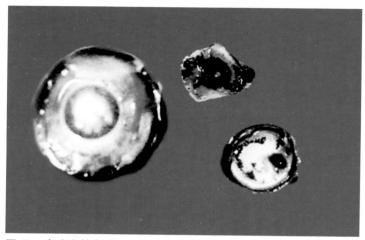

图 41　患病鸟的角膜及前房临床上均表现为混浊。眼球的生理结构损坏，眼球内容物干酪化

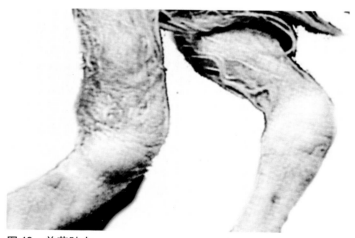

图 42　关节肿大

　　部分被感染的鸟及禽类会不同程度地出现关节炎，临床上以关节肿胀为主要症状，重者还会造成关节囊积水。

图43 患鸟精神、食欲极差，双翅下垂，拒绝行走。肛门周围胎毛常沾有粪便或被粪便堵住

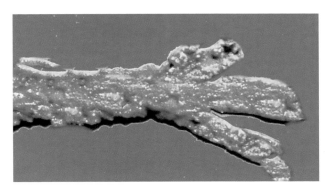

图44 患鸟的肠道内均有不同程度的出血并附有糠麸样物

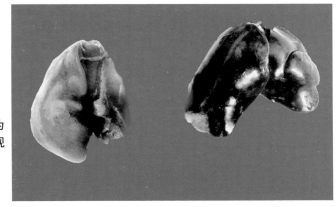

图45 肝脏器官为古铜色，而且出现局部坏死病灶

禽副伤寒的急性病例，病鸟精神萎靡，羽毛蓬松，怕冷，食欲不振或完全废绝，容易口渴，下痢排绿色或黄绿色水样稀粪。慢性型病例，病鸟通常只见精神较差，羽毛松散，持续下痢，有结膜炎、眼睑浮肿，常常呼吸困难，张口喘气，身体缩成一团。

副伤寒的症状表现与伤寒不同的是流泪等症状。

【诊断要点】禽伤寒剖检可见可视黏膜苍白，肝脏淤血肿大，棕黄色稍带绿色，发生脂肪变性者，质地极脆，有的弥散小点坏死灶。脾脏淤血肿大，散有针尖大的灰白色坏死点或出血条纹。肾脏也可见淤血肿胀。有的还可见出现心包炎。肠黏膜充血、出血，或卡他性炎症。关节也见充血和出血。

禽副伤寒以下痢、结膜炎和消瘦为特征，与禽伤寒临床表现不同的是有结膜炎、眼睑浮肿，有时还有流泪等症状。剖检病变包括失水性消瘦、眼结膜炎、肠炎和关节炎，肝脏、肾脏和脾脏肿大，器官常有灰白色小结节样病变。

此两种病的临床症状和剖检病变有一定的诊断意义，据此可作现初步诊断。如果能请检验部门从实质器官中分离病原，会有助于病的确诊。

【防治措施】防治药物很多，效果较好的有庆大霉素、卡那霉素、土霉素，磺胺类药物对幼雏有时会引起毒性反应，表现为食欲减退，内脏出血等，以不用为好。土霉素按0.2%比例拌入饲料内喂服。大蒜捣碎加水10～20倍，每只幼雏每次用0.5～1毫升，每天4次，连喂3天。

磺胺类和抗生素类等多种抗菌药物对这两种病都有治疗作用，一般可用四环素等按0.02%～0.04%拌料饲喂，连用5～7天;也可用土霉素按每日每只0.05～0.08克，分2次服用，连用1周。

预防可用链霉素每日每只0.01克加入饮水中服用。

引起本病的细菌对干燥、腐败、日光等因素具有一定的抵抗力，可以生存数周或数月。但对化学消毒剂的抵抗力不强，一般常用消毒剂和消毒方法就能达到消毒目的。所以预防本病最有效的措施便是定期消毒，加强饲养管理，保证饲料和饮用水的新鲜、卫生，搞好日常清洁工作，做好消毒工作。

葡萄球菌病

【病因】本病的病原为葡萄球菌，尤其是黄色葡萄球菌，是鸟及家禽的主要致病菌，葡萄球菌是革兰氏阳性菌，成对或不规则团块状，酷似葡萄串，故名葡萄球菌，分为金黄色、白色葡萄球菌。葡萄球菌的致病力取决于其产生的毒素和酶的能力。

葡萄球菌在自然界中分布很广，存在于土壤、空气和水中，在人、畜、禽的皮肤上也经常存在，各种鸟类的皮肤、羽毛、眼睑、肠道中都有葡萄球菌的存在，是常在菌，遍布全世界鸟类。葡萄球菌可以通过伤口、汗腺、毛囊等多种途径进入鸟机体内，引起全身感染，发生脓毒血症、败血症和肠炎。

因鸟群居、拥挤、通风不良、空气污浊、环境卫生差或饲料单调、缺乏维生素或微量元素等都能促进本病的发生。

【临床症状】最常见的发病部位是骨骼、腱鞘及腿关节，还侵害皮肤、气囊、卵黄囊、心脏、脊髓和眼睑，并能引起肝脏和肺脏的肉芽肿或化脓病变。

本病主要特征为化脓性关节炎、水疱性皮炎、脐炎、滑膜炎、龙骨黏液囊和翼尖坏疽。

以下几种类型较为常见：

急性败血型：病鸟体温升高，精神萎靡，食欲不振，怕冷，羽毛松乱，缩头闭眼，两翅下垂，呆立不动，缺乏活力，眼半闭呈睡眠状，无食欲，有的下痢，排灰白色稀粪，同时伴有局部炎症，大多是胸部和翼下出现紫黑色的浮肿，用手触摸有明显的波动感。

发病部位的羽毛易脱落，裸露的皮肤有出血点，出血点由红色变为紫红色的坏死点，常扩大成坏死斑块。病程后期，鸟翅膀、头、颈背、腹部两侧及腿部皮肤出现炎性水肿，呈紫蓝色，并伴有黄色、红色、有一定黏稠度的炎性渗出物，有滑腻感。鸟皮下充血，肌肉柔软，黏腻，肌肉色泽暗红，紫灰白相间，肌肉滑腻，无弹性，水肿。继之结痂。临近皮下组织、脂肪、肌膜明显充血、出血。腿、趾、跖部呈暗紫色。急性败血型一般病程2～5天，更快者1～2天死亡。患急性败血型葡萄球菌的鸟，其胸腹部羽毛稀少或脱光，皮肤呈紫黑色水肿，自然破溃，皮下充血、溶血，呈弥漫性紫红色或黑红色。肌肉柔软，水肿呈胶冻样，炎性病变从整个胸腹部延续至两腿内侧、后腹部，前可达嗉囊周围。

关节炎型：病鸟腿、翅的一部分关节（最常见的是飞关节和足部关节）肿胀，热痛，逐渐化脓，足趾间及足底形成较大的脓肿，有的破溃。

脐炎型：脐炎与卵黄囊炎的病原菌大多是大肠杆菌，杂以沙门氏菌和葡萄球菌等，但也有的以葡萄球菌为主。一般来说，发病率比大肠杆菌引起的脐炎发病率低。

眼型：主要症状是眼睑肿胀，结膜充血，并有大量脓性分泌物附着于眼周围，眼睑黏着，半闭或全闭。病鸟站立不稳，倒地，不久死亡。

【诊断要点】根据临床症状可以作出初步诊断，确诊应进行病原的分离及致病性试验。

图46　经解剖后可见：胸肌高度出血并有暗红色渗出液，皮下组织广泛性充血

图 47　尾羽脱落
　　尾根部及肛门周围水肿、糜烂，并有血液渗出而导致
患鸟尾羽脱落。

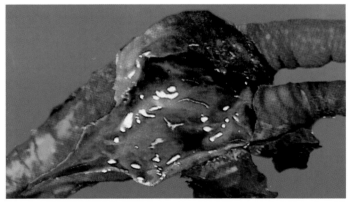

**图 48　患病鸟死亡后进行病理解剖发现：足趾关节皮下组织大面
积出血、溃烂**

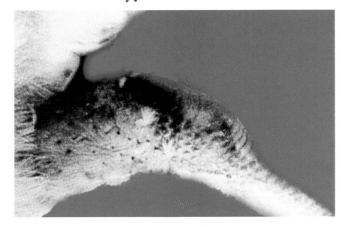

图49 患病鸟关节肿大，皮下组织大面积充血

图50 部分患病的鸟临床症状可表现为：在足趾关节间形成被结缔组织包围的感染性脓包，最终导致溃烂渗出

图51 患病的鸟左膝关节肿大，右侧为正常关节

图52 被感染后翼下皮肤出现水肿、充血、溃烂、坏死，伴有大量的血性渗出，造成翼羽脱落

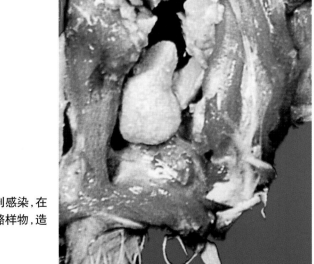

图53 由于关节腔受到感染，在关节腔内形成黄色干酪样物，造成关节肿胀

【防治措施】对葡萄球菌的有效的药物有青霉素、广谱抗生素和磺胺类药物，但有耐药性的菌株比较多。通常首选的药物是新生霉素，其次是卡那霉素、庆大霉素。每千克饲料加新生霉素0.375克，连用5～7天。卡那霉素1万～1.5万国际单位饮水，连用3～4天。

平时要注意清洁卫生，饲养密度不能过高，鸟笼和鸟舍内不能有铁丝等物，避免鸟的皮肤损伤。

【诊疗注意事项】脐炎型的葡萄球菌病要注意与大肠杆菌引起的幼鸟脐炎相区别。

巴氏杆菌病（出血性败血症、禽霍乱）

【病因】本病是由多杀性巴氏杆菌的禽型菌株引起的，是各种禽类的一种急性传染病。本病发病季节不明显，但以夏末秋初为最多，尤其在潮湿地区容易发生。此病菌在自然界分布很广，主要通过呼吸道、消化道及皮肤创伤传染。病鸟的尸体、粪便、分泌物和被污染的笼具、饲料和饮水等是主要的传染源。蛋白质及矿物质饲料的缺乏、感冒等皆可成为发生本病的诱因。昆虫也可能成为传染的媒介。

【临床症状】自然病例潜伏期一般为2～9天。因感染菌株的毒力和鸟体抵抗力的不同，其临床症状有较大的差异。最急性的病例几乎完全看不到症状就突然死亡。大多数病例为急性症状，主要表现为精神不振，羽毛松乱，缩颈闭眼，弓背，头藏于翅下，不爱走动，离群呆立；常有剧烈腹泻，粪便灰黄色或绿色，肛门周围羽毛沾有稀粪；食欲不振，口渴喜饮水；呼吸加快，鼻腔内分泌物增多，呼吸时嘴张开，有时带"咯、咯、咯"的声音。其特征性病变是全身内部的黏膜和浆膜有斑状出血，心包液增多，肝脏肿大，密布大小较为一致的针尖状灰白色坏死点，脾脏肿大、淤血，有出血性或伪膜性肠炎现象。一般病程1～3天。慢性者逐渐消瘦，精神委顿，贫血；关节炎炎症常局限于腿或翼关节以及腱鞘处，少数病例的病变可局限于耳部或头部，引起歪颈；有时可见鼻窦肿大，鼻分泌物增多；有的发生浆液性结膜炎和咽喉炎；有的持续腹泻；病程可达数周甚至数月。

图54 患鸟出现神经症状时则表现为向前或向后、向左或向右旋转，有时会出现斜颈

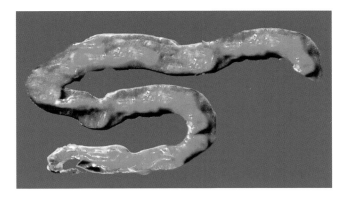

图55 由于炎症反应，肠黏膜增厚、严重出血

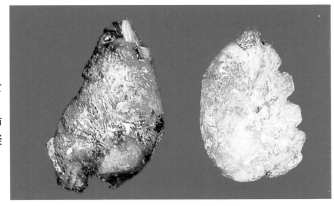

图56 患病鸟死亡后进行病理解剖，均见不同程度的肺水肿、肺气肿、肺凝固性坏死的现象

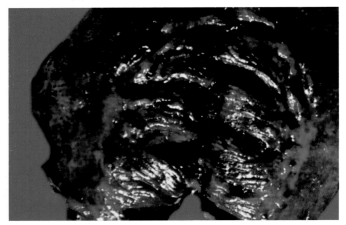

图 57　肺脏严重淤血、水肿及坏死

图 58　巴氏杆菌感染的鸟在心膜外常见明显的淤血点及肝脏上出现明显的白色小坏死点

【诊断要点】　此病的特征是：急性型一般呈败血症和剧烈下痢为多，慢性型多发生肉髯水肿和关节炎。诊断时要根据发病情况、临床症状和剖检病变来分析。

【防治措施】成鸟每只肌注青霉素0.5万～1万国际单位，效果不好时，可用金霉素每只每次10～20毫克口服。喹乙醇制剂每千克饲料加4克，连用5天；每千克饲料加土霉素2克，连用5天；用磺胺噻唑按0.5%～1%的比例混入饲料中，连用5天。为了保证疗效，可以根据用药史和药敏试验的结果选用最为敏感的药物。

本病的病原对外界环境的抵抗力不强，容易被普通的消毒药、阳光、干燥或加热而杀灭。所以搞好环境卫生工作，定期消毒，是预防本病的必要措施。除了常规的综合性措施外，必要时可进行菌苗接种或菌苗接种结合药物预防，这样会收到良好的效果。

【诊疗注意事项】本病的急性病例应注意与新城疫、副伤寒、中毒等类似症状的疾病相区别；慢性病例常与慢性呼吸道疾病、大肠杆菌病、葡萄球菌病等合并或互为继发感染，诊断要慎重。

李氏杆菌病

【病因】李氏杆菌病是多种禽鸟的一种败血性细菌性传染病，主要发生于温带地区。引发本病的病原是单核细胞增多性李氏杆菌。在自然情况下，本病最常见于金丝雀、鹦鹉和其他鸟类也会被感染。

【临床症状】此病幼鸟容易感染，病情也较严重，多取急性败血症经过。成鸟发病后死亡缓慢，但会出现进行性消瘦。病鸟常出现转圈运动、歪头斜颈和肌肉震颤等神经症状，有的会出现腹泻。剖检病变有心包积液和纤维素性心包炎（心脏外膜覆盖着纤维素性渗出物）、心肌变性、出血、有坏死性炎症；前胃出血，肝脏有时有肿大、变绿和灶性坏死；脑炎。偶尔也会见到纤维性腹膜炎和肠炎。

【诊断要点】本病以神经症状、心肌变性坏死为特征，依据临床症状和剖检病变作出初步诊断。还可以结合血液检查来分析，血液检查单核白细胞计数明显增加。

【防治措施】高浓度的四环素是治疗本病的首选药,另外,磺胺甲基嘧啶等也有较好的疗效。

图59　李氏杆菌感染后期,患鸟经常会出现神经症状,临床上表现为痉挛、抽搐

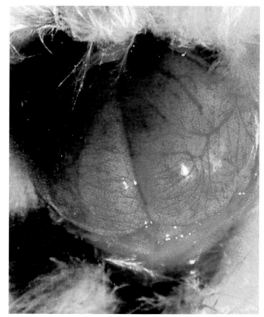

图60　尸体解剖后发现,脑部组织出现淤血

图61　纤维素性心包炎（心脏外膜覆盖着纤维素性渗出物）

图62　由于颈部肌肉极度痉挛,病鸟常常表现颈部扭曲,形成角弓反张

传染性鼻炎

【病因】传染性鼻炎是由嗜血杆菌引起的鸟的急性呼吸系统疾病。病鸟及隐性带菌鸟是传染源,其传播途径主要由飞沫及尘埃经呼吸道传染,但也可通过污染的饲料、饮水经消化道传染,麻雀也能成为传播媒介。闷热、寒冷潮湿、缺乏维生素 A、寄生虫侵袭也能促使发病。本病多发于冬、秋两季。

【临床症状】本病自然感染的潜伏期一般为 1 ~ 3 天,也有长达 2 周的。典型症状为:初期流稀薄鼻液,逐渐浓稠,变干后成为淡黄色鼻痂,附着于鼻孔内外,使呼吸不畅,病鸟常摇头或以爪搔鼻部,眼结膜发炎,流泪,继而出现本病的特征性症状,即眼皮及其周围面部肿胀。病鸟精神不振,食欲减退,体重减轻,有的有腹泻症状。

图63　患鸟鼻窦黏膜存在着炎性反应,导致了眼睑部位的水肿性肿大

图 64　眼睑部位的水肿性肿大

图 65　流稀薄鼻液，逐渐浓稠，变干后成为淡黄色鼻痂，附着于鼻孔内外，使呼吸不畅

图 66　流稀薄鼻液，逐渐浓稠，变干后成为淡黄色鼻痂，附着于鼻孔内外，鼻孔周围组织炎性增生明显

【诊断要点】本病临床症状的主要特征为鼻腔与鼻窦发炎、流鼻涕、脸部肿胀，打喷嚏，可以据此作出初步诊断。进一步确诊要做病原的分离鉴定。

【防治措施】根据具体情况可选用链霉素、磺胺类药物、土霉素及复方泰乐菌素等治疗。链霉素应作为首选药物，每千克饮水加100万国际单位。幼鸟慎用。磺胺类药物常用磺胺噻唑或复方新诺明，每千克饲料加磺胺噻唑5克，或复方新诺明1克，连用5天。土霉素对本病与慢性呼吸道疾病均有中等疗效，每千克饲料加2克，连用5~7天。复方泰乐菌素疗效较好，对防治慢性呼吸道病的作用胜于本病，安全性好，每千克饮水加2克，连用5天。此外还可选用强力霉素、红霉素等药物。疗程结束后1个月内，每7~10天再用药1~2天，预防复发。

嗜血杆菌用一般消毒药和紫外线都能很快将其杀死，平时定期消毒杀菌对预防本病非常关键。

结 核 病

【病因】禽类的结核病是一种慢性接触性传染病，结核分枝杆菌是本病的病原。结核分枝杆菌有牛型、人型和鸟型3个主型，危害鸟类的主要是鸟分枝杆菌，但笼养鸟和其他观赏鸟的结核病也常由人型结核分枝杆菌所引起。自然感染常是由于吞入病禽的排泄物或有结核病变的脏器而经消化道感染的，也可经口腔黏膜和皮肤创伤感染。并可由病母鸟所产的蛋传染给幼鸟。母鸟感染10天后即可能产下受感染的蛋。

【临床症状】鸟结核病临床症状以进行性消瘦、实质器官形成结节性肉芽肿和干酪样坏死灶为特征。潜伏期长达2~10个月，病程发展慢，病鸟表现精神不振，衰弱，食欲变化不明显，但体重下降，胸肌萎缩，皮下脂肪消失，以致胸骨隆突如刀，弯曲变形，喙和鼻瘤颜色变淡。母鸟下蛋减少或停止。随着病程的延长，可见病鸟全身羽毛粗乱；在骨关节发生结核时，则可出现一侧性跛行，呈麻雀跃式步态，翅膀麻痹；肠结核时，则可出现顽固性下痢，大便呈灰黄色。死后剖检可见肝脾明显肿大,肝、脾、肺、肠及腹腔浆膜上散布有灰白或黄白色针尖豌豆大的结核结节,结节切面可见外面包裹一层纤维膜,内容物为干酪样物质。

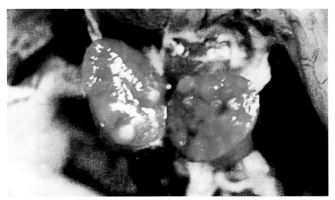

图67 患鸟死亡后经解剖局部放大片显示:脾脏肿大,脏器表面粗糙隆起,并有结节

图 68 结核菌感染后所导致的肝脏结核结节

图 69　结核菌感染后所导致的肝脏结核结节

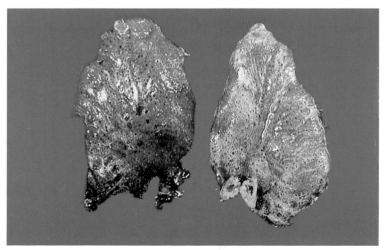

图 70　病理解剖所见的肺部结核

【诊断要点】根据上述症状，若发现可疑病鸟，应尽早用禽结核菌素检验。方法如下：在鸟的一侧眼睑内，注射0.03~0.05毫升的禽型结核菌素。注射后48小时以内，注射部位出现水肿，眼睑增厚、流泪，而另一只眼为正常者，可判定为阳性反应。另外，也可将结核菌素0.03毫升注入被检鸟的一侧大腿的皮内，48小时可见注射部位较另一侧对应部位增厚4~5倍，即为阳性。48小时过后，肿胀即渐渐消失，通常在5天之内全部消失。

【防治措施】本病治疗价值不大，但若为珍贵观赏鸟，可用5万国际单位青霉素1次肌肉注射，每日2次，连续5天；或用卡那霉素5万国际单位1次注射，1天2次，5天为一个疗程。若二者交替使用则效果更好。

本病应重在预防。发现病鸟必须立即隔离淘汰，烧毁或深埋；对鸟舍和用具彻底清洗消毒，可采用福尔马林薰蒸消毒或用漂白粉溶液浸泡消毒。建议每半年对鸟群进行一次禽型结核菌素检疫，发现阳性病鸟，立即隔离淘汰，同时进行大消毒。

【诊疗注意事项】病鸟食欲正常，进行性消瘦、下痢，结合特征性病变通常可以作出诊断，但一定要注意与伪结核病、肿瘤等有类似病变的疾病相区别。确诊除了以上提到的生前作结核菌素试验外，用快速凝集试验和酶联免疫吸附试验等血清学方法也有助于本病的确诊，还可以通过进行病原的分离鉴定来确诊。

伪结核病

【病因】伪结核病是多种家禽、野鸟和笼养鸟的一种接触性细菌性传染病，本病的病原是伪结核耶尔森氏菌。病原经皮肤伤口和消化道进入体内，引起感染。对此病幼龄鸟更为敏感。

【临床症状】本病的临床症状因感染菌株的毒力、剂量、入侵途径和鸟的种类、年龄等的不同而有较大的差异。最急性病例无任何先兆而突然死亡。急性病例精神沉郁，羽毛松乱无光，呼吸困难，腹泻并渐渐衰弱。慢性病例精神不振，开始食欲正常，到死的前2天食欲废绝，呼吸困难，消瘦下痢，最后死于极度衰竭和麻痹。

图71　患鸟精神沉郁，羽毛松乱无光，呼吸困难，消瘦下痢，死于极度衰竭和麻痹

图72　患鸟到后期，身体极度脱水，明显消瘦

【诊断要点】此病的临床症状差异较大，但剖检病变具有一定的特征性，可据此作出假设性诊断。剖检的主要病变包括肝脏和脾脏肿大，肺脏淤血、水肿，在这些器官内有肌肉中出现小米粒大小的黄白色小结节；有卡他性或出血性肠炎。

【防治措施】目前还没有治疗此病的理想药物和可供使用的疫苗，可以试用链霉素和四环素等抗菌药物来治疗。

平时加强饲养管理，搞好环境卫生，驱除体内外寄生虫，定期灭鼠杀虫，将有助于预防本病的发生。

【诊疗注意事项】要注意与鸟结核病相区别。患结核病的鸟剖检也有类似于伪结核病的病变，但其罕见于幼龄鸟。从急性病例的血液或慢性病例的组织中分离到本病病原便可确诊。

绿脓杆菌病

【病因】绿脓杆菌病是由绿脓杆菌引起的一种细菌性疾病，是近几年我国养禽业中出现的新问题。绿脓杆菌广泛存在于自然环境之中，它可通过消化道及皮膜黏膜伤口感染动物。主要发病于2周左右的雏鸟。

【临床症状】本病的临床症状主要为眼睑肿胀、流泪、闭锁、眼内充满干酪样物质。临诊可见雏鸟食欲不振，生长缓慢，精神萎靡，羽毛粗乱无光，下痢，继而鼻瘤肿胀、眼睑肿胀、流泪，形成结痂，双眼闭合或半闭，最后消瘦衰竭而死。死亡雏鸟外观消瘦，眼内、鼻腔内充满干酪样物质。剖检可见胸腹腔内弥漫性出血，肝脏出血，散有斑块状灰白坏死灶，气囊混浊变厚。

【诊断要点】根据临床症状可以作出初步诊断，确诊应进行病原的分离鉴别。

【防治措施】治疗可用青霉素、红霉素等对革蓝氏阳性菌有效的药物。

预防本病主要是要抓好饲养管理工作，提供清洁新鲜的饲料，在育雏期间要加倍注意环境卫生问题，注意鸟舍、笼具或巢的消毒工作，杜绝雏鸟发生皮肤或黏膜损伤。

图 73　剖检可见胸腹腔内弥漫性出血

图 74　腹部皮下广泛充血并伴弥漫性有果冻样浸润

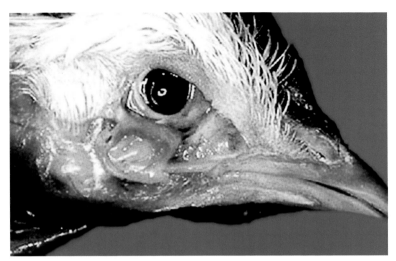

图 75 眼睑肿胀、流泪，眼周感染形成溃疡，结痂

图 76 雏鸟精神萎靡，食欲不振，羽毛粗乱无光，双眼闭合或半闭，最后消瘦衰竭而死

螺旋体病

【病因】螺旋体病是多种家禽及其他鸟类的一种急性败血性细菌性传染病。本病的病原是鹅包柔氏螺旋体，具高度运动性。此病除了通过粪便直接传播，吸血昆虫（如蜱等）在本病的传播上起着重要作用，蜱吸病禽血时，螺旋体则随血液进入蜱体内，在消化道中停留3～4天，第14天时，在唾液中出现，此时，如蜱叮咬健康鸟，即可造成本病的传播。

【临床症状】本病主要特征为体温升高。从蜱叮咬鸟至鸟体温升高一般经5～7天或更长一段时间，在体温升高前1～2天，血液中的螺旋体即大量繁殖，病鸟随即食欲减退，体温升高至42.5～43℃，精神委顿，嗜睡，羽毛松乱，并出现拉痢症状，粪便呈淡绿色，粪中常有过量的白色尿酸盐。病的后期，病鸟明显虚弱，腿翅麻痹，行走摇摆不稳，又因红细胞的大量被破坏，引起发绀、黄疸和贫血，最后衰弱而死。剖检病变是脾脏明显肿大、斑驳、出血和坏死。

疏螺旋体

密螺旋体

钩端螺旋体

图77　三属螺旋体形态模式图

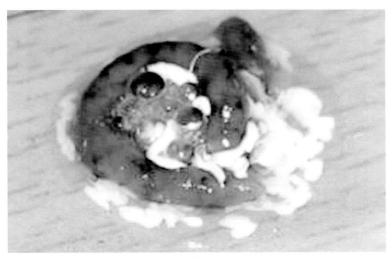

图 78　病鸟临床上常常出现下痢症状，粪便呈淡绿色

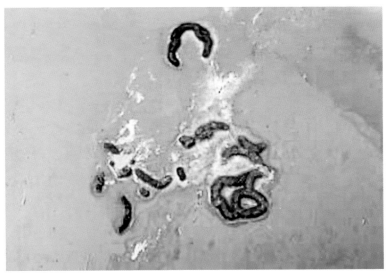

图 79　有些患鸟的排泄物中常有过量的白色尿酸盐

图80 由于病鸟血液中的螺旋体大量繁殖，病鸟精神萎靡，体温升高至 42.5～43℃，嗜睡，羽毛松乱

【诊断要点】临床症状和剖检病变在诊断上都有一定的意义，据此可以作出临床诊断。在发热期病鸟的血涂片中找到病原，或者以病死鸟的血清或组织悬液接种鸡胚分离到病原，即可确诊。

【防治措施】各种抗生素对本病均有效，但本病的首选药物为青霉素、土霉素和新胂凡纳明。

预防本病主要是注意环境卫生，消灭吸血昆虫，定期驱杀体外寄生虫，妥善处理病死鸟及其粪便和污染物。

链球菌病

【病因】链球菌病是由非化脓性有荚膜链球菌及兽疫链球菌引起的一种急性败血性传染病。各种家禽均易被感染。此病主要经由呼吸道感染。鸟舍空气污秽不洁、尘土飞扬常是导致本病的原因。康复鸟可带菌，并可由它传给健康鸟。

【临床症状】鸟患链球菌病后的表现有急性及慢性两种。急性病例不见明显症状，突然死亡，有的经几分钟的抽搐后死去。病程稍长者（12～24小时）则可见高热下痢，并出现麻痹症状。慢性病例精神沉郁，羽毛松乱，食欲下降，以致废绝，持续性下痢，呼吸困难，闭目昏睡，有的昏迷不醒，严重消瘦，最后因衰竭而死亡。有的还会出现腹膜炎。

【诊断要点】仅仅根据临床症状很难确诊，可以结合剖检来分析。剖检急性病例可见全身皮下结缔组织及浆膜出血，心包腔内积有胶状或黄白色纤维素性渗出物，心外膜出血；肝土黄色稍肿大，散有灰白色小点坏死灶，脾充血肿大；慢性可见肠壁增厚，黏膜出血。

图81　急性病例不见明显症状，可见高热下痢，并出现麻痹症状。经几分钟抽搐后死去

图82　急性病例不见明显症状，突然死亡，有的经几分钟抽搐后死去

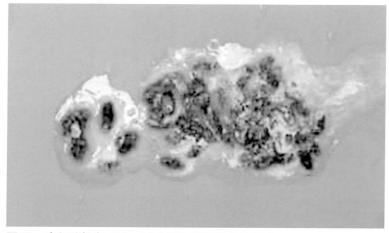

图83　病程稍长者（12～24小时）则可见高热下痢

【防治措施】此病治疗用药应以青霉素为首选药。

鸟舍空气污秽、尘土飞扬是导致本病的主要原因。所以，要预防本病的发生，主要应抓好鸟舍的环境卫生，注意鸟舍的通风换气。

丹 毒 病

【病因】丹毒病是由猪丹毒杆菌（也有称由红斑丹毒丝菌）引起的一种败血性疾病，它是一种猪、禽、人互相传染的传染病。其他禽类如鸭、火鸡、鸡、鹅等也易感染。此细菌可长期存活于被污染的土壤中，通过污染的饲料、饮水、用具等经消化道感染，也可通过蝇、蚊叮咬由破损的黏膜、皮肤而感染。若鸟场邻近的猪场或鸡场等发生丹毒病时，就有可能传染给鸟，引起急性败血症而死亡。

【临床症状】本病常突然发生，病程较短，大多数病鸟于数小时至十多个小时内死亡。病情稍缓者表现为精神极度沉郁，体温升高可达43.5℃，呼吸困难，厌食，少毛部位的皮肤可见大块红色充血条斑。有的拉黄绿色稀便，并可能出现关节肿大，站立不稳的现象。

急性病例剖检病变以广泛性出血为最大特征,即在全身皮肤及皮下结缔组织、胸膜、腿部肌肉、浆膜、肝、脾、肺、胃肠黏膜、心包膜和心外膜等处均见出血点;有的肝表面可见灰白色坏死点;严重卡他性肠炎,肠管内有大量黏液。病性病例常见关节炎,关节囊内有纤维素性渗出物,有的还有心内膜炎。

图84 皮肤出现脱毛。脱毛部位出现炎性红肿,皮肤表面发热、充血

图85 丹毒杆菌所感染的鸟,少毛部位的皮肤可见大块红色充血

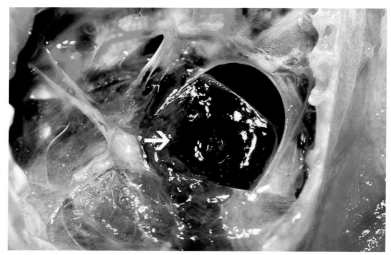

图 86　肝脏有广泛性出血

图 87　病理解剖可见胸腔、腹壁以及泌尿系统均有不同程度的出血

【诊断要点】本病仅凭临床症状和剖检病变较难作出诊断，容易与禽霍乱等相混淆，要注意鉴别。做病原的分离鉴定及动物发病试验，有助于本病的确诊；荧光抗体技术也有利于本病的诊断。

【防治措施】治疗丹毒病用青霉素效果最好。每只鸟每天 5 万～10 万国际单位肌肉注射，分两次用药，连用 3 天。另外，也可用红霉素、金霉素、四环素等。磺胺类药物对本病无效。

预防本病应避免鸟舍与猪圈、鸡舍等在一起，饲养人员应避免进入发生过动物丹毒病的地区；加强饲养管理，保持鸟舍的环境卫生，一旦发现病鸟，立即隔离治疗，同时对鸟舍、环境、饲槽等用具彻底清洁消毒。消毒可用 1%～2% 的烧碱、3% 的克辽林、1% 的漂白粉、1% 的苏打水等。必要时可试用灭活菌苗进行免疫接种。

衣原体病

【病因】衣原体病是由鹦鹉衣原体引起的一种接触性传染病。自然情况下，鹦鹉感染率较高，且可通过鹦鹉传染给人。所以发生于鹦鹉类鸟中的衣原体病称为鹦鹉热或鹦鹉病。后来人们发现其他鸟类也可感染此病，并也可传染给人，因而将发生于非鹦鹉类鸟中的衣原体病称为鸟疫。各种家禽及至少有 100 种以上的鸟均可感染此病。

鹦鹉衣原体随病禽、鸟的粪便、泪液、口腔和咽喉的黏液等分泌物排出体外，健康鸟通过摄取已被污染的食物和饮水而感染，也可通过吸血昆虫叮咬或呼吸道吸入而发病，还可经皮肤伤口感染。幼龄鸟一般较成年鸟易感染。

【临床症状】本病在临床症状上可从急性、亚急性到慢性。鸟感染此病后表现为精神沉郁，食欲不振或拒食，下痢，早期粪便呈水样，颜色为绿色或灰色，中期粪便量减少，黏稠，呈黑色或绿色，常污染羽毛。到后期粪便为大量水样。有的眼鼻发炎，典型症状可见一侧或双侧眼结膜发炎，眼睑增厚，流出大量清水样分泌物，以后则变为黏稠的甚至脓性分泌物。重者可致眼球萎缩以至失明。鼻腔也发生浆液性或脓性炎症，呼吸困难, 呼吸音粗, 病情严重的可引起肺炎及气囊炎, 此时可听见"咕咕"的呼吸音, 有时还可见颈和两翅发生麻痹瘫痪。常蹲着不动, 最后因衰竭而死亡。

　　剖检的典型病变是胸腹腔和内脏器官的浆膜、气囊膜的纤维素性炎症, 表面常有纤维素性渗出物被覆, 其中以纤维素性心包炎、肝周炎和气囊炎最为常见。实质器官肿大、变色和灶性坏死, 还有肠炎。

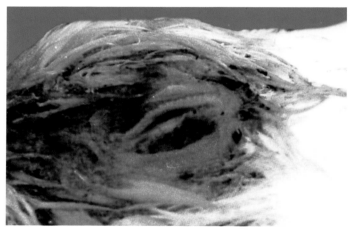

图 88　被衣原体重度感染的病鸽临床主要症状之一: 鸽眼结膜炎

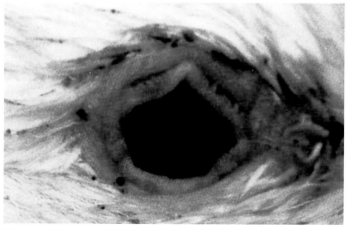

图 89　被衣原体中度感染的病鸽临床主要症状之一: 鸽眼结膜炎

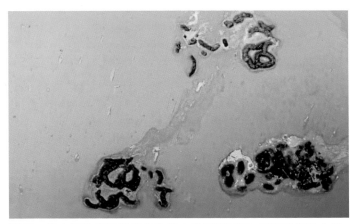

图90 被衣原体感染的病鸟临床上常出现下痢,早期粪便呈水样,颜色为绿色或灰色,中期粪便量减少,黏稠,呈黑色或绿色,常污染羽毛

图91 感染最终导致角膜感染,溃疡、混浊。眼球萎缩以至失明

【诊断要点】可以先根据临床症状和剖检病变作出初步诊断,但因其临床表现差异较大,且沙门氏菌病、大肠杆菌病等也可能出现类似的症状和病变,因此,临床诊断时要注意鉴别。有条件的地方最好能作病原的分离鉴定以确诊。另外,血液生化检查时,乳酸脱氢酶和尿酸的水平明显升高,也有利于诊断。

【防治措施】

治疗：①已经确诊为鹦鹉热的病鸟应淘汰，连同鸟的排泄物一起深埋或焚烧掉，数量大的应严格隔离治疗，鸟舍和用具须用福尔马林、碱水、漂白粉或石灰乳消毒。被污染的饲料要销毁。鸟卵也应彻底消毒。以免传染给健康鸟和人。②对笼具、食水具进行严格消毒。③对于特别珍贵的鸟可以在严格隔离的条件下用药物进行治疗，方法是按照以下浓度拌料：四环素0.02%～0.04%、土霉素0.05%～0.1%、金霉素0.02%～0.06%，拌料一定要均匀，连用15～30天。

鸟群中发现本病后，数量少可考虑淘汰，工作人员在处理时，应注意个人防护，防止人员感染。衣原体对青霉素和四环素类抗生素敏感，其中以金霉素的治疗效果最好，可肌注或混料口服。

预防：①防止衣原体传入，引进新鸟时要先隔离饲养至少3个月。②发生衣原体病时要采取果断措施，淘汰病鸟，对笼具、食水具和环境进行彻底清理和消毒。如果要引进新鸟在原来的环境下饲养，最好过一段时间再引进。

预防本病要尽量减少或消除环境中的各种应激因素，注意搞好清洁卫生，鸟舍要通风保温。控制一切可能的传染源是预防本病的最主要措施。

【诊疗注意事项】因为抗生素对衣原体仅有抑制而无杀灭作用，因而疗程应适当延长。

支原体病

【病因】本病又称慢性呼吸道病（霉形体肺炎），病原是支原体。本病可经过接触传染，也可由尘埃和飞沫传染。此外，经由蛋的传染是促使本病代代相传的主要原因。寄生虫病、长途运输、卫生不良、通风不好、饲料变质等皆可诱发本病。此病以冬季流行最为严重。

【临床症状】本病的潜伏期有10～21天，病程很长，主要呈慢性经过。典型症状主要发生于幼龄鸟，若无并发症，则先是上呼吸道发炎，继而出现浆液性、黏液性鼻漏，表现为鼻窦结膜炎和气管炎。随着病程发展则出现呼吸困难、咳嗽等症状。炎症蔓延到下呼吸道时，症状更加明显，呼吸时出现啰音，食欲不振，生长停滞。

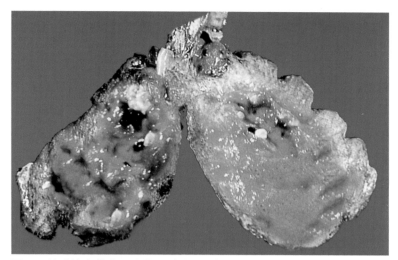

图92　被感染鸟的常见症状是肺炎，在肺脏上可见大小不等的黄色干酪样的黄色硬结

图93　被感染的鸟往往合并大肠杆菌感染，精神萎靡，食欲下降。临床表现为排黄白色或黄绿色的稀便

图 94 被感染的鸟精神萎靡、缩颈嗜睡，常伴有衰竭而不能站立

【诊断要点】本病与曲霉菌病的临床症状有类似之处，但它的病程长，病情发展缓慢，据此可以作出临床诊断。要确诊最好作病原的分离鉴定。

【防治措施】本病用链霉素及四环素类抗生素治疗有良好效果。但链霉素对幼龄鸟有毒性作用，应严格注意用量，每千克饮水加80万国际单位，连用5～7天。复方泰乐菌素，每千克饮水加2克，连用5天。螺旋霉素也有相当疗效。在使用抗生素时，应考虑轮换或联合使用，防止产生抗药性。

支原体对外界环境抵抗力不强，离体后会迅速失去活力，一般消毒药均能迅速将其杀死，所以预防本病的重要措施是加强饲养管理，搞好环境卫生，定期消毒杀菌。

【诊疗注意事项】本病原支原体对链霉素、四环素和复方泰乐菌素敏感，但对新霉素、多黏菌素、磺胺类药等有抵抗力。选择治疗药物时要注意。

念珠菌病（鹅口疮）

【病因】鹅口疮是鸟及其他家禽的一种较为常见的真菌性传染病，又称为霉菌性口炎。此病主要由白色念珠菌引起，其他种类的真菌有时也能引起本病。在正常情况下，许多鸟类的消化道内都有本菌存在，当机体衰弱或消化道的正常菌群发生改变时，病原即能侵入黏膜并产生病变。另外，易感鸟也能通过摄食本菌而引发此病，本病主要通过消化道感染。鸟舍潮湿、饲料霉变、营养不良、环境不清洁常诱发本病，过度使用抗菌药物也会促发此病。几乎所有鸟类和各种年龄的鸟都可以感染此病，但以15～40日龄的幼鸟多见。

【临床症状】病鸟精神萎靡，羽毛松散，厌食，下痢。嗉囊臌胀，触诊犹如软面团，倒提病鸟或挤压嗉囊时，常有带着强烈的酸臭气味的气体和内容物从口中流出。掰开其喙可见口腔、咽喉部表面出现灰白色斑块。口腔黏膜处的病变常形成黄色的干酪样附着物，呈典型的"鹅口疮"变化。剖检可见口腔、咽喉、食道和嗉囊的黏膜出现灶性或弥漫性增厚，表面有白色或黄褐色白喉样伪膜或斑块。类似的病变有时也见于前胃和肌胃。眼角和口周间有皮肤病损。

图95 被念珠菌感染的病鸽嗉囊明显因胀满而下坠，羽毛杂乱无章

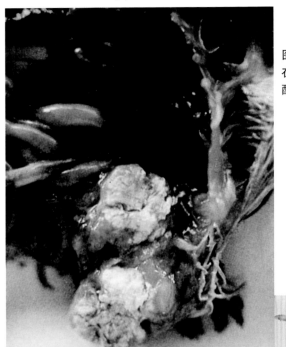

图96 被念珠菌感染的病鸽在泄殖腔内形成乳白色的干酪样病灶

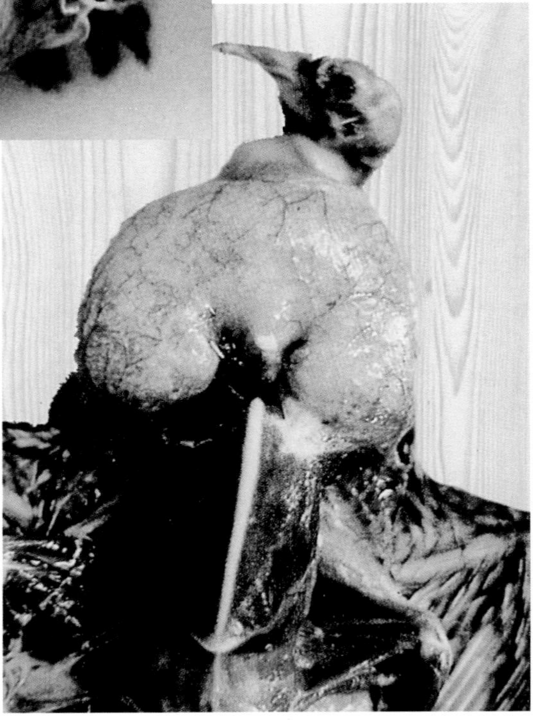

图97 病鸽患病后极度消瘦,胸骨突出,嗉囊胀满后异常膨大

【诊断要点】本病的诊断并不困难，根据临床症状和剖检病变能作出临床诊断。如果要进一步确诊，可以用棉拭子取病鸟的分泌物分离并鉴定病原。

【防治措施】本病一般采用局部处理和全身治疗相结合的原则进行治疗。可在饮水中加入0.05%的硫酸铜，让病鸟饮用，连饮1周。同时可给病鸟服用土霉素或制霉菌素，制霉菌素用量可按每只鸟1万～2万国际单位/次，日服2次。大群鸟治疗可将制霉菌素按50万～100万国际单位/千克饲料拌入饲料中，连喂1～3周。局部治疗可用制霉菌素软膏涂搽病变部位。对于附有干酪样伪膜处的病变，应先用1%的明矾水洗去病灶处的干酪状物，用摄子细心地将其清除，然后涂搽碘甘油或撒少量青霉素粉或青霉素油剂。嗉囊有病变时，可以用注射器注入数毫升2%的硼酸溶液进行消毒。

预防本病首先应注意饲养管理，加强对饲料和饮水的卫生管理工作，保证饮水卫生，严防饲料受潮发霉，保持鸟舍干燥、清洁。消除各种应激，避免过度或滥用抗菌药物，同时注意对其他各种疾病的预防。

发癣菌病

【病因】发癣菌病是指由鸡发癣菌所引起的多种笼养鸟、野鸟和家禽的一种真菌病。

【临床症状】由于鸟的种类不同，发病鸟的临床症状和剖检病变也有较大差异。病鸟通常烦躁不安，患部羽毛脱落，皮肤增厚。鹦鹉只见脱毛现象而无皮肤增厚，但可见瘙痒现象，常用爪抓或喙咬病变的部位。

【诊断要点】仅靠临床症状常常难以作出诊断，此病必须进行病原的分离培养和鉴定。

【防治措施】口服灰黄霉素、睾丸酮或甲状腺制剂，并在日粮中适当补充维生素制剂。同时用灰黄霉素软膏等进行局部抗霉治疗。如有瘙痒现象，可在局部用药的同时，给鸟配戴一种用硬塑胶片或软皮制成的圆圈状围领，以防鸟自己啄破患处，引起感染。

图 98　羽毛脱落，毛囊根部充血

图 99　羽毛脱落，皮肤充
血、增厚。个别患病鸟只有
脱毛现象而无皮肤增厚

图100　胸部羽毛脱落，皮肤充血

禽 冠 癣

【病因】禽冠癣是由禽毛癣菌引起的一种真菌性皮肤病。家禽和驯养的野禽均可感染，并且可感染畜类和人。临床特征是禽冠部出现一种黄白色鳞片状的顽癣，继而蔓延到头部其他无毛处，因而称之为禽冠癣。

本病主要通过皮肤伤口或接触感染。鸟舍窄小，通风不良，病鸟脱落的鳞屑和污染的用具均可使本病广泛传播。夏、秋多雨季节能促使本病的发生和传播。

【临床症状】病鸟在头部无毛处，如鼻瘤、眼睑、耳部及嘴角等部位出现白色或灰黄色圆形斑块或小丘疹，表面形成鳞屑似的糠麸状。随着病程的发展，鳞屑增多、加厚，形成结痂，使皮肤发生痒痛，以致病鸟骚动不安，精神不振，并出现贫血、黄疸、消瘦、蛋禽产卵量下降等现象。部分严重的病鸟，病变可波及到上呼吸道及上消化道，在这些部位的黏膜上出现点状坏死、小结节和黄色干酪样附着物。

图101　被感染的部位出现白色或灰黄色圆形斑块或小丘疹，表面形成鳞屑似的糠麸状

图102　病鸟头部大面积脱毛

图103 病鸟头冠部脱毛后，皮肤颜色发白

【诊断要点】根据上述临床症状基本可作出诊断。确诊需作病原分离和鉴定：取表皮鳞屑，用10%氢氧化钾或氢氧化钠处理1～2小时，而后将处理物滴加于载玻片上，用显微镜观察，若见到短而弯曲的线状菌丝及孢子群，即可确诊为本病。

【防治措施】本病治疗主要是局部治疗。先用肥皂水将患部皮肤表面的结痂及污垢清洗干净，然后用下列药物之一涂于患部：10%的水杨酸软膏、碘甘油（由1克碘加6毫升甘油混合后即成）、甘汞软膏、福尔马林软膏（由20份凡士林加热融化后加入1份福尔马林，混匀，待凡士林凝固后即可使用）。

防治头癣的发生最重要的是要采取措施，严防本病传入。鸟群中一旦发现本病，应尽快隔离病鸟，对病情严重者应淘汰，轻症马上治疗，同时对鸟舍及用具进行彻底消毒。

曲霉菌病

【病因】曲霉菌病是一种常见的霉菌病，常发病于鸽及多种家禽。它主要侵害呼吸系统，所以又称霉菌性肺炎。多种禽类和哺乳动物均可感染。本病一般由多种霉菌混合感染引起，其中致病力最强的是烟曲霉菌。烟曲霉等真菌广泛存在于自然界，在卫生条件差、过分拥挤和各种应激等情况下，本病极易发生，特别是在南方的梅雨季节更为多见。几乎所有鸟类都能感染此病，笼养鸟中以鹦鹉、八哥最常见，金丝雀等其他笼养鸟也有发生。各种年龄的鸟都有易感性，但以幼龄鸟最敏感。本病的特征为呼吸困难和下呼吸道有粟粒大、黄白色结节。鸽对此病的敏感性比鸡低，成鸽的发病率又比幼鸽低，常呈急性经过。

【临床症状】病鸟的主要症状是严重呼吸困难，张口呼吸、喘气、很少采食，饮水较多，后期有腹泻，很快窒息或衰竭死亡。霉菌入侵眼部者还会引起眼炎。剖检病变或呈局部性，或为全身性，而通常以肺部病变最明显。肺脏常有黄色或灰黄色小米粒状的结节或斑块，质如橡皮或软骨。类似病变还可见于气管、支气管和气囊，偶见于胸腹腔、肝脏和肠浆膜。

【诊断要点】本病的临床症状和剖检病变特征明显，据此不难作出临床诊断。生前用棉拭子取样，分离培养，进行病原鉴定，或作X线检查，或剖检时以病变组织压片检测病原菌丝和孢子，都有助于确诊。

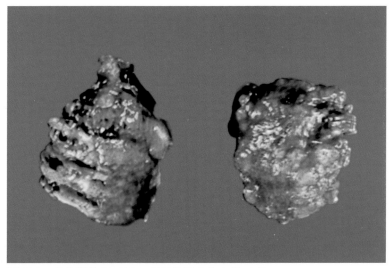

图104　病鸽的肺部可见大小不等的黄白色的结节

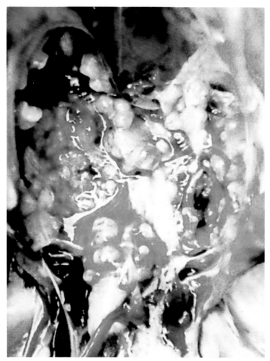

图105 病鸽的腹膜上面有大量的、大小
不等的黄白色的霉菌结节

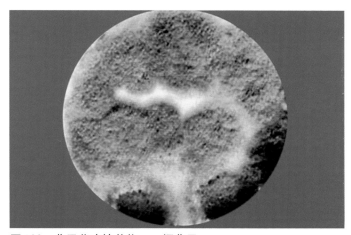

图106 曲霉菌病培养物——烟曲霉

【防治措施】本病药物治疗的疗效都不甚理想，临床上可以试用制霉菌素、克霉唑、碘化钾、硫酸铜或两性霉素 B 等药物。每千克饲料加制霉菌素 3 片（每片 50 万国际单位），每千克饮水加硫酸铜 0.5 克，两药并用 5～7 天。近几年来有用口服碘化钾的方法治疗的，每千克饮水中加碘化钾 5～10 克，也有一定疗效。两性霉素 B 的毒性较大，但以 1 毫克／千克体重的剂量作气管内注射，疗效不错。

预防此病要消除各种应激，搞好环境卫生，保证饲料和饮用水的新鲜、洁净，垫料要干燥，鸟笼等各种用具要定期消毒。

皮肤霉菌病

【病因】皮肤霉菌病是由寄生于鸟皮肤的霉菌引起的一种皮肤传染病，尤以头部和肢体部分皮肤受害为重。本病病原为皮霉菌中的一种，属黄癣类。此病的传染源主要是病鸟，经直接接触而感染。饲养密度过高会促进本病的传染。

【临床症状】开始时，在病鸟嘴角的皮肤上出现不规则形状斑点，随后这些斑点渐渐增大，相互融合，在鸟的头部、眼睛周围形成一层膜样覆盖物，重者破溃糜烂形成创面。有时还会向泄殖腔部皮肤和身体其他部位蔓延，引起严重的皮炎。

图 107　病鸟嘴角的皮肤上出现不规则形状创面，继发细菌感染后破溃、糜烂、形成结痂

图108　病鸟嘴角上额部位出现不规则形状创面，形成结痂

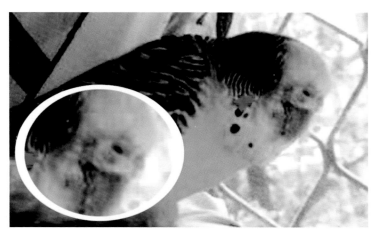

图109　上喙后缘部位及鼻孔周围、嘴角部位均被霉菌所侵害

【诊断要点】依据临床症状和病史的调查，可以作出初步的诊断。确诊可用以下方法：从病变组织刮取样品，置于载玻片上，往样品上加几滴5%苛性碱溶液，加盖玻片，于显微镜下观察。若有圆形和多边形的呈小链条状的孢子以及明显的分枝菌丝，即可确诊。另外，也可取病料，经洗涤几次后，接种到沙堡弱平板培养基上培养，以分离皮霉菌，进行病原鉴定。

【防治措施】发现病鸟要及时挑出来隔离饲养，对病鸟进行治疗。可用水杨酸15毫升，加到100毫升纯酒精中，涂擦患部。也可以用碳酸和甲酚软膏涂抹患处，或用皮炎平软膏治疗。同时，对笼舍要进行消毒，消毒可用3%的福尔马林溶液。

球虫病

【病因】球虫病是鸟类及家禽的一种急性、流行性肠道寄生虫病。寄生于鸟类的球虫主要有艾美耳属和等孢子属的多种球虫，现已经证实具有致病性的主要是艾美耳属的球虫，它们能侵袭几乎所有的鸟类。

致病性的球虫大多寄生于宿主的肠道，但具体的寄生部位依鸟和球虫的种类不同而不同，可以从十二指肠到泄殖腔的各个肠段。病鸟通过粪便将球虫的卵囊排出体外，后者经一定时间的孵育而成为孢子化卵囊，健康鸟吞食了这种卵囊就会被感染。

【临床症状】鸟患球虫病后的临床症状差异较大，这与鸟的种类、鸟龄、其免疫状态以及球虫的种类、鸟吞食的卵囊数量等不同而显示其差异性，病程可呈急性过程，也可呈慢性过程。病鸟一般表现精神委顿，厌食或废食，羽毛松乱，贫血消瘦，其典型表现是腹泻，出现水样或血性下痢，到后期病鸟的粪便呈稀糊状黏液甚至暗红色胶冻样。幼龄鸟的病情一般都比较严重，多呈急性过程，死亡率也较高。

剖检病变主要见于肠道和肠黏膜有不同程度的炎症。

【诊断要点】根据临床症状和剖检病变可以作出初步诊断。刮取病变肠黏膜镜检，如果发现球虫裂殖体和卵囊即可确诊。另外，生前病鸟的粪检发现球虫卵囊也能帮助诊断。

【防治措施】治疗此病可用磺胺嘧啶、磺胺喹噁啉、可爱丹、氯苯胍、盐霉素等药物。在用抗球虫药的同时，也应用抗菌药，以防继发细菌感染。

防治球虫病，关键在预防。预防措施包括：搞好鸟舍、鸟巢的清洁卫生；搞好粪便管理，经常清除粪便，遇阴雨季节应每天清除鸟粪1次，将鸟粪堆放于粪池或粪堆进行生物发酵处理，用20%的生石灰水消毒，杀死卵囊；每天洗刷饲槽及饮水器1次，以防污染；饲料应新鲜，营养价全，多喂富含维生素的饲料。对幼鸟可试用药物预防球虫病的发生。常用的药有克球粉，按125毫克/千克拌料，从15日龄喂至2月龄；复方氨丙啉，用法及用量同克球粉。

【诊疗注意事项】由于球虫易产生耐药性，所以在治疗时要注意药量和疗程，并要交替用药。

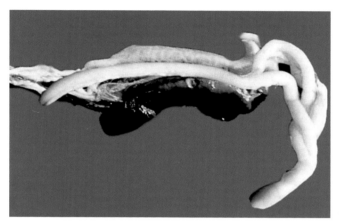

图110 球虫感染后发生的肠道出血性病变

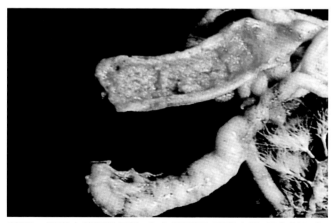

图111 肠道内壁粗糙不整,失去光滑面,黏膜变性,颜色呈红白相间

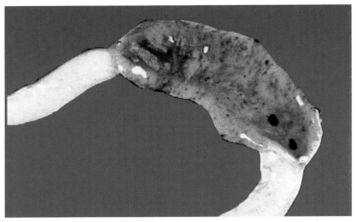

图112　球虫感染后浆膜层充血，切开肠道后所见：肠道内积有大量的陈旧性血液呈暗紫色，同时存有黏液及死亡的上皮细胞

毛滴虫病

【病因】鸟毛滴虫病主要是由禽毛滴虫所引起。禽毛滴虫能侵袭鸽子、雀科的鸣鸟、长尾鹦鹉、猛禽等鸟类。禽毛滴虫主要侵害鸟的上消化道。幼鸟和青年鸟对此较为敏感，成年鸟常常带虫而不表现症状。它可通过污染的饲料和饮水而传播，幼鸽甚至能通过带虫亲鸟的鸽乳哺喂而直接感染。

【临床症状】较度感染可无明显临床症状。当虫体大量侵袭时，病鸟出现厌食、嗜睡现象，羽毛蓬松，流涎，涎水呈浅黄色黏液状，咽颈部肿胀呈结节状，下颌外侧可见凸出，用手能摸到黄豆大小的硬物，腹泻、消瘦。后期吞咽困难，饮食废绝；呼吸困难，呼吸时发出"咕噜咕噜"的声音；两喙闭合不全。

剖检病变主要见于上消化道。舌面、口腔、咽喉、食道和嗉囊的黏膜充血、潮红，并布有奶油样分泌物。慢性者分泌物似干酪样，黏膜有溃疡形成。肝脏淤血、肿胀，散见小米粒至黄豆大的黄白色圆球形病灶。气囊也见炎症变化或坏死；腹腔内可见黄色胶冻状渗出液。

【诊断要点】先检查病鸟的口腔，发现典型病变者可以作出假定性诊断，但要注意与禽痘、念珠菌病、曲霉菌病和维生素A缺乏症等相鉴别。可以用棉拭子从病鸟口腔或嗉囊内取样涂片，用生理盐水制成悬滴标本镜检，发现虫体则可以确诊。

【防治措施】灭滴灵、制霉菌素、胺硝噻唑等都有较好的疗效，可以酌情选用。

预防此病要加强饲养管理，将幼鸟和成年鸟分群饲养，以减少幼鸟感染的机会。发病后，应及时隔离病鸟，对鸟舍等环境进行清扫消毒；全场全面性用药，可选用灭滴灵0.02%饮水；滴虫净也有良效；还可用1：1 500的碘溶液或0.05%的结晶紫溶液饮水，连用1周。

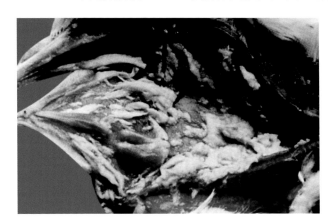

图113　被毛滴虫侵袭的病鸽在口腔及咽喉部形成有大量乳黄色干酪样块状物的病灶

图114　口腔及咽喉部除有大量乳黄色干酪样块状物外，黏膜有弥漫性出血、淤血

图115　病鸽死亡后解剖时发现,有大量的乳黄色的干酪样物积存于咽喉部,口腔、食道及气管内黏膜均充血

鸟疟原虫病

【病因】鸟疟原虫病是由鸟疟原虫属的多种原虫所引起,它由蚊虫所传播,可见于金丝雀、燕雀类鸟等多种鸟类。鸟疟原虫的裂殖生殖在宿主的血液内进行,配子体存在于成熟的红细胞内,并在寄生的红细胞内形成一种特殊的疟疾色素。

【临床症状】此病的临床症状因虫株的致病性不同,从无明显症状到严重的贫血和死亡。病鸟精神不振,羽毛松散,眼睑水肿,运动不协调,贫血。在金丝雀发病时,眼睑水肿可能是其唯一的症状。

剖检病变主要是贫血和脾脏肿大。

【诊断要点】采外周血液涂片检查,发现红细胞内的鸟疟原虫裂殖体和配子体,以及其特殊色素即可确诊。

【防治措施】治疗可以用抗疟药。用盐酸阿的平能在1周内控制鸟的死亡。

预防本病最有效的措施是防蚊灭蚊。

蛔 虫 病

【病因】蛔虫广泛分布于世界各地，种类繁多，且各有其相应的寄生宿主。蛔虫生活史简单，为直接发育型，不需要中间宿主。成虫主要寄生于宿主的消化道（特别是小肠），也可见于输卵管和体腔等部位。虫卵随粪便排出体外，在适宜的条件下经1～5周发育成为含幼虫的侵袭性虫卵，健康鸟吞食了这种虫卵后便会发生感染。

【临床症状】幼龄鸟和青年鸟易感性较高，而成鸟一般不出现临床症状。病鸟精神不振，生长发育不良，食欲欠佳，羽毛松乱，便秘或下痢，并渐行消瘦，有时还会出现抽搐等神经症状。鹦鹉发病时，除上述症状外，还出现啄毛癖。如果有大量虫体寄生时，还会因阻塞肠道而引起突然死亡。

剖检病变主要见于肠道，包括不同程度的肠炎，肠壁上时有寄生虫性小结节。

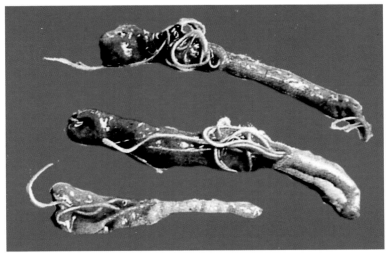

图116　蛔虫寄生于小肠内，造成小肠肠管呈炎性增厚、浆膜凹凸不平

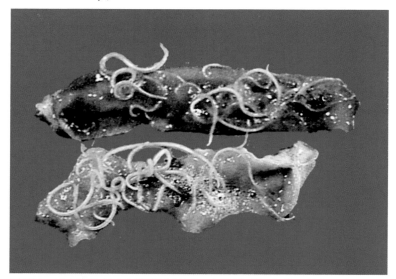

图117　蛔虫寄生于小肠肠管内达到一定数量时可造成肠管内阻塞,肠黏膜受损

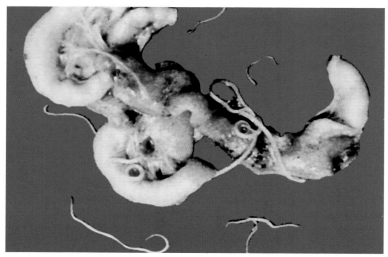

图118　停留在肠管内的蛔虫

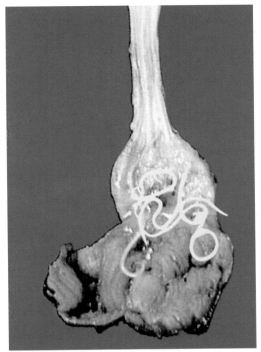

图119　蛔虫寄生于食道和肌胃中，可造成腺胃黏膜出血性溃疡

【诊断要点】诊断主要依据粪检时可见到蛔虫卵，感染严重时，蛔虫可随粪便排出。也可用驱虫药物作诊断性驱虫。死后剖检，在肠道内发现较多量的虫体便可确诊。

【防治措施】可用哌嗪化合物、噻咪唑、噻苯唑等多种驱虫药治疗本病。投药后经一定时间，再给予适当的润滑剂，如液体石蜡等，以利于麻痹虫体的排出。

预防蛔虫病要着眼于消灭虫源，消灭虫源就是要勤除粪、常消毒，消毒可用滚烫的开水或生石灰水。此外还要定期驱虫，定期驱虫要每2～3个月全群驱虫1次。驱蛔药可用驱蛔灵，每只每次0.15克，头晚喂服1次，次日晨再追喂1次。还可用石榴根煮水，让鸟群自饮。

绦 虫 病

【病因】由一种或多种绦虫寄生于鸟类消化道内而引起的寄生虫病即绦虫病。至今我们已经从鸟类中发现了1 400多种绦虫，归属于17个科193个属。其中对鸟类危害较大的有裸头科、归带科、戴文科、双壳科和膜壳科的各种绦虫。

绦虫的虫体为白色，呈带状扁平，雌雄同体，大小差异较大，从几毫米到35厘米以上。其身体分为头、颈和分节的体部。它的头部有吸盘，借以附着于宿主的肠壁上。靠近头部的节片短小而不成熟，尾端的节片较大，为成熟节片，内含大量虫卵。成熟的节片能自行脱落，随粪便排出体外。排出体外的虫卵被中间宿主（如蚂蚁、螺蛳、蚯蚓、鱼等）吞食后发育成囊虫，鸟捕食了受感染的中间宿主后而被感染。

【临床症状】大多数鸟的绦虫感染都呈慢性经过，轻度感染的鸟常常临床症状不明显，严重感染时，首先发生消化障碍，粪便变稀或混有血液，食欲下降，少食多饮。病鸟精神沉郁，两翅下垂，被毛逆立，呼吸急迫，缩颈蹲伏。有时还出现贫血等现象。雏鸽感染后生长发育不良。戴文科绦虫则主要引起肠炎，出现高度衰弱和进行性麻痹等现象。麻痹由两腿开始，以后发展到全身。严重感染的病鸟可出现红细胞明显减少的情况。最后病鸟可因极度衰竭而而死亡。

剖检病变包括不同程度的肠炎和肠壁上的寄生虫性小结节。

【诊断要点】据临诊表现可作出初步诊断，通过粪检发现节片或虫卵即可确诊。很多绦虫的节片并不经常排出，所以生前诊断一般很难确诊。必要时可剖检一些重病鸟，再结合其他症状综合判定。死后则可进行病理剖检进行确诊。方法是将小肠剪开，放在平皿内，加入少许清水，注意观察有无虫体浮起或在肠黏膜上摆动。

【防治措施】治疗可选用硫双二氯酚，按每千克体重150～200毫克灌服。也可用槟榔片，每千克体重1～1.5克，煎水空腹灌服。还可用中药石榴皮槟榔合剂（石榴皮100克、槟榔100克，加水1 000毫升煮沸1小时，约剩800毫升）拌料饲喂，剂量为20日龄以内的雏鸟1毫升/只，20～30日龄的1.5毫升/只，30日龄以上的2毫升/只，在两天内服完。

预防本病除了要注意一般性防病外，主要应注意消灭鸟场中的甲虫、苍蝇、蜗牛、蚂蚁等中间宿主，经常清扫鸟舍。

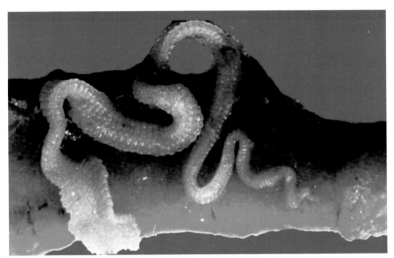

图120 寄生于肠管内的绦虫，以造成肠黏膜充血

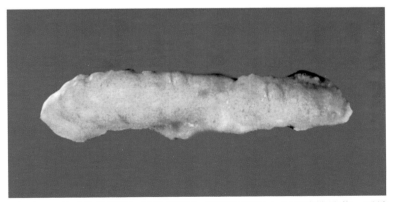

图121 受感染的肠管（空肠部分）浆膜层隆起大小不等的结节，质地甚硬

弓形虫病

【病因】弓形虫病是由龚地弓形虫引起的一种人畜禽共患的寄生虫病。

弓形虫病常呈地方流行性，各种日龄（年龄）的鸟均可感染，但主要是青年鸟多发，死亡率可达60％左右。

【临床症状】患此病的鸟临床症状差异性较大，有急性和慢性之分。急性过程可见病鸟精神沉郁，羽毛松乱，双翅下垂，厌食或不食，结膜发炎，双目流泪，蹲坐或闭目伏卧。鼻腔内分泌物增多，呼吸困难。腹泻，粪便呈灰白色或灰绿色。神经症状明显，受到惊扰时扭头，歪颈，阵发性抽搐，痉挛，继而渐近性麻痹至死亡。慢性过程一般症状很轻，若不细心观察几乎不见临诊症状。

剖检可见各内脏器官淤血肿胀，严重的可见点状出血及小点坏死；呼吸道黏膜、上消化道黏膜、眼睑、眼球外肌群等充血，出血，甚至坏死。脑膜水肿、充血。

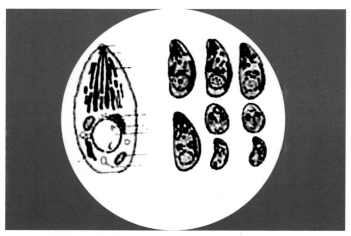

图122 弓形虫示意图

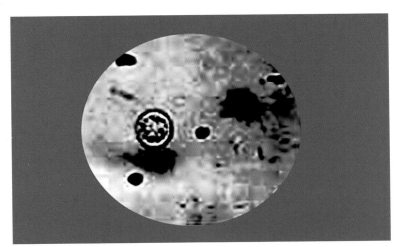

图 123　显微镜下观察到的弓形虫

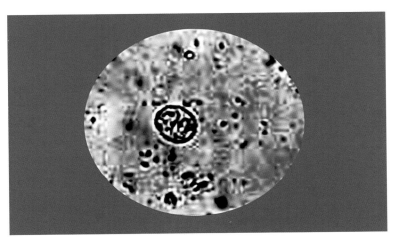

图 124　显微镜下观察到的弓形虫

【诊断要点】根据临床特点及剖检病变可作出初步诊断，确认需作病原检查。取血液、腹水、大脑或肝等作涂片，经姬姆萨染色，在显微镜下观察，若见到有柳叶形的弓形虫滋养体，即可确诊。此外，也可用小鼠接种试验。

【防治措施】治疗可用复方磺胺－甲氧嘧啶，每只鸟每天喂0.05克，连用 10 天。在对病鸟隔离治疗的同时，全群进行药物预防。

预防本病要注意：鸟舍内不要混养其他家禽及家畜；要严防鼠、鸟，尤其要禁止野猫、家猫进入鸟场；凡从外地引进种鸟，均要隔离饲养观察一个月，经检验无病再合群。

毛细线虫病

【病因】寄生于鸟类的毛细线虫有多种，其中具有致病性的有环形毛细线虫、捻转毛细线虫、鹅毛细线虫、鸽毛细线虫、膨尾毛细线虫等，它们都属于毛首科毛细线虫属。每种毛细线虫都有一定的宿主谱和寄生部位，其中大多数主要寄生于宿主的下消化道。一般来说，成鸟对其有一定的耐受性，而幼鸟则较为敏感。

毛细线虫的虫体像毛发状，体形很小，长度为 1～60 毫米。虫卵随宿主的粪便排出体外，在适宜的条件下经 1 个月左右发育为侵袭性虫卵。毛细线虫的发育史有两种类型：捻转毛细线虫和鸽毛细线虫等属于直接发育型，易感鸟吞食了感染性虫卵后被感染；环形毛细线虫和膨尾毛细线虫等为间接发育型，需要蚯蚓作为其中间宿主，鸟因捕食了含有感染性幼虫的中间宿主后发生感染。

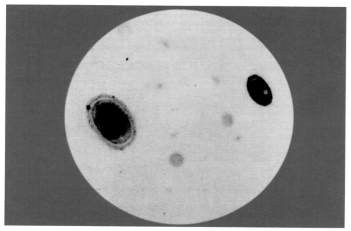

图 125 电镜下的毛细线虫卵

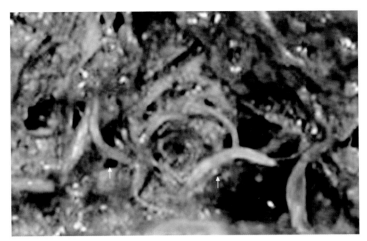

图126　显微镜下的毛细线虫

【临床症状】病鸟精神沉郁，食欲不振，贫血，消瘦，常有下痢现象，有时还会出现黏液性黄色或血性下痢。重度感染时，不论雏鸟还是成鸟都可发生死亡。

剖检病变主要是虫体寄生部位的消化道炎症，该处黏膜发炎增厚，并有黄白色寄生虫性小结节。

【诊断要点】生前主要依据临床症状和粪便检查发现本虫虫卵进行诊断。剖检死鸟发现寄生虫体及相应的病变有助于进一步确诊。

【防治措施】治疗可以口服四咪唑、甲咪唑或噻苯咪唑，也可皮下注射甲氧啶。

预防本病要搞好环境卫生，定期粪检、定期驱虫，避免鸟接触蚯蚓等中间宿主。

呼吸道线虫病

【病因】寄生于鸟类呼吸系统（主要是上呼吸道）的线虫主要有气管比翼线虫和支气管杯口线虫，对观赏鸟危害最大的是气管比翼线虫。

　　气管比翼线虫的虫体呈红色，雄虫小（体长为2～6毫米），雌虫大（体长为5～20毫米）。雌虫常附于鸟的气管黏膜上皮上，雄虫则附于雌虫上。雌虫产卵于气管内，卵逆行到达口腔，然后随口液或粪便排出体外。在一定条件下，虫卵孵育成感染性虫卵或幼虫。蚯蚓和螺蛳等也会食之，使其自身含有幼虫。鸟因吞食了感染性虫卵或幼虫，或者捕食了体内含有幼虫的蚯蚓和螺蛳等，便会发生感染。

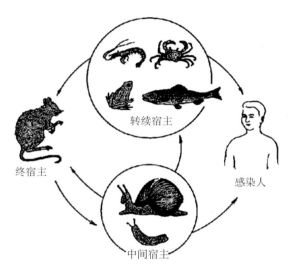

图127　呼吸道线虫的生活史

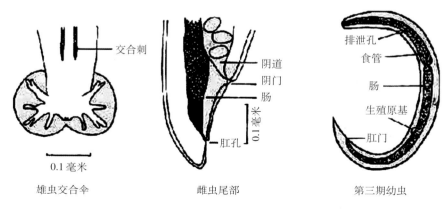

图128　呼吸道线虫

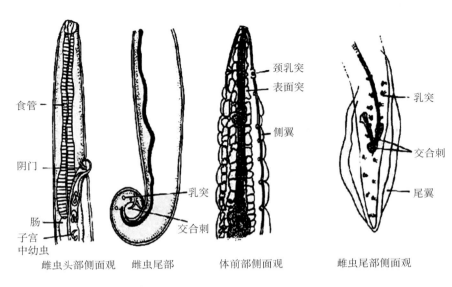

食管
阴门
肠
子宫
中幼虫

颈乳突
表面突
侧翼

乳突
交合刺

乳突
交合刺
尾翼

雌虫头部侧面观　　雌虫尾部　　　　体前部侧面观　　　　　雌虫尾部侧面观

图129　呼吸道线虫

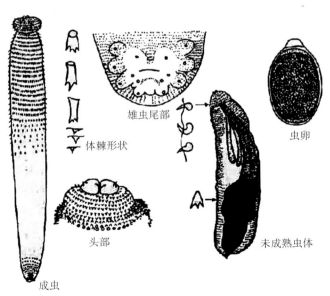

雄虫尾部

体棘形状

虫卵

头部

未成熟虫体

成虫

图130　呼吸道线虫

【临床症状】各种年龄段的鸟都有易感性，但以幼龄鸟为最。临床上除了消瘦、衰弱等一般性症状外，特征性的表现是咳嗽、打喷嚏，呼吸困难，病鸟常常伸颈张口，最终会因呼吸道有大量虫体和气管分泌物的堵塞而窒息，或因极度衰弱而死亡。

剖检病变主要是呼吸道炎症，气管和支气管内有大量炎性分泌物和虫体，间或也可见泛发性肺炎。

【诊断要点】本病典型的临床症状提示了本病的存在。在强光下检查病鸟口腔和咽喉，可能会发现寄生虫体；作粪便检查也会查出本虫虫卵；剖检死鸟能在呼吸道内找到本虫虫体，这些都有利于确诊。

【防治措施】治疗本病用噻苯咪唑有很好的疗效。此外，麻油和亚麻仁油按1：2的比例混合口服，或用碘溶液作气管内注射，疗效也不错。

预防本病要搞好卫生，避免鸟接触蚯蚓等中间宿主。

异刺线虫病

【病因】寄生于鸟类而且危害较大的异刺线虫是属于异刺科的鸡异刺线虫和雉异刺线虫。鸡异刺线虫虫体较小，白色，雌雄异体，雌虫长度为10～15毫米，雄虫长度为7～13毫米。虫卵随粪便排出体外后，在温度和湿度都比较适宜的条件下，经过2周左右发育成为含幼虫的侵袭性虫卵。这些虫卵被蚯蚓吞食后能在其体内长期存活。鸟因捕食了这些蚯蚓或吞食了感染性虫卵而被感染。雉异刺线虫的形态和生活史与鸡异刺线虫相似，但它的体形更小。

【临床症状】异刺线虫一般寄生于宿主的盲肠内，通常无明显的临床表现。严重感染时，病鸟会厌食、腹泻并消瘦，生长发育受影响。雉异刺线虫的致病性有时很强。

剖检病变主要是盲肠肠壁发炎增厚及寄生虫性小结节的形成。

【诊断要点】生前主要根据粪便检查发现本虫虫卵进行诊断。死后剖检见典型的盲肠病变，同时在盲肠内找到虫体时即可确诊。

【防治措施】治疗可用哌嗪化合物、噻咪唑等多种驱虫药。

预防主要要搞好清洁卫生，定期进行粪便检查和驱虫。

眼线虫病

【病因】侵害鸟类的眼线虫目前已经发现有70多种，其中危害较大的有吸吮科的孟氏尖旋尾线虫和彼氏尖旋毛线虫。本病多发生于热带和亚热带地区。眼线虫主要寄生于鸟的眼瞬膜下，也可见于眼结膜囊和鼻泪管中。

孟氏尖旋尾线虫虫体两端较细，前圆后尖，角皮光滑，雄虫体形较小，约为8～16毫米长；雌虫体形较大，约为12～20毫米。彼氏尖旋尾线虫虫体细长，颜色为黄色或淡黄色，前端钝圆，后端尖细，具有颈翼，角皮上有横纹。这些眼线虫的雌虫排出的卵随眼泪经鼻泪管到达口腔，鸟吞咽后随粪便排出体外。虫卵被蟑螂吞食后，在其体内发育成为感染性幼虫。易感鸟一旦食了这些蟑螂，便会被感染。

【临床症状】病鸟烦躁不安，不断地用爪搔眼部，重度眼炎，瞬膜肿胀，眨眼时流泪，上下眼睑粘连，眼睑下积聚着白色干酪样物质。病到了晚期，病鸟的眼球损坏，失明。

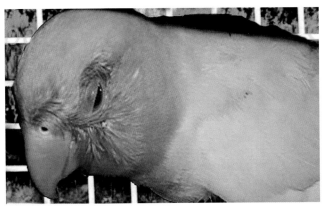

图131　病鸟不断地用爪搔眼部，重度眼炎，瞬膜肿胀，上下眼睑水肿，眨眼时流泪

【诊断要点】根据临床症状进行诊断，在眼内找到寄生线虫即可确诊。

【防治措施】治疗时首先要仔细地挑出眼内虫体，或用硼酸眼药水冲洗眼睛及鼻泪管，将虫体清洗出去，然后选用适当的消炎眼药水或眼膏作局部的对症治疗。同时，在饲料中要适当添加维生素 A。

预防本病主要要注意清洁卫生，控制和杀灭中间宿主。

【诊疗注意事项】当严重症状出现时，在鸟的眼内往往难以找到虫体。诊疗时不可大意。

棘头虫病

【病因】鸟棘头虫主要寄生于观赏鸟、野鸟和家禽等多种禽类的小肠。多形棘头虫和细颈棘头虫是寄生于鸟类的主要棘头虫。多形棘头虫呈纺锤形，前端大而后端小，为橘红色，所有棘头虫的生活史中都需要一个或几个间宿主。虫卵随粪便排出体外，被中间宿主吞食后，在其体内经过一定时间的发育而成为感染性幼虫。易感鸟吞食了这种含有感染性幼虫的中间宿主后即被感染。

【临床症状】由于虫体的寄生，在其寄生部位发生损伤、发炎、出血和溃疡，出现了肠炎和消化机能紊乱的种种症状。严重时，病鸟明显虚弱，贫血，甚至死亡。

剖检病变主要是肠炎及寄生局部出现黄白色小结节。

【诊断要点】粪便检查发现本虫虫卵，再结合临床症状，可以作出初步诊断，剖检见有不同程度的肠炎，肠壁有黄白色肉芽组织样增生性小结节，肠腔内找到大量的虫体时则可确诊。

【防治措施】目前本病还没有满意的治疗方法，可以试用噻苯咪唑。

避免鸟儿接触中间宿主，搞好鸟舍卫生，定期消毒，是预防本病的关键。

红 螨 病

【病因】红螨又称鸡皮刺螨，属皮刺螨属，分布于各地，尤以温带地区为甚。红螨除了在其幼虫阶段不吸血外，其他各生活阶段都需要在鸟体上作暂时性的寄生吸血。螨的吸血一般发生在晚上，虫体的颜色视其吸食血液量的多少而呈灰白色、褐色或深红色，吸完血后红螨便会隐身于裂缝或阴暗处。这类螨病通常是由新购进的鸟传入，或者与附近的禽类或野鸟的接触而引起的。

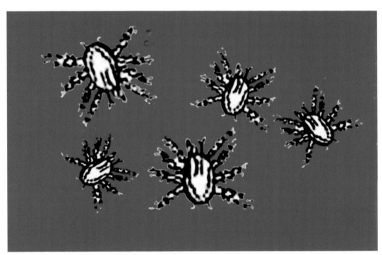

图132　红螨

【临床症状】病鸟夜间休息不好，烦躁不安，贫血体弱，渐渐消瘦，羽毛脏湿而稀疏，没有光泽，毛易脱落，亲鸟不喂幼鸟，幼鸟生长发育受影响，鸟体质下降，易患感冒等病，严重者会因极度贫血而衰竭甚至死亡。

【诊断要点】检查鸟是否受红螨侵袭要在晚间进行。晚上待鸟安静后，用一强光突然照射，有螨侵袭时，可在鸟身、鸟笼、栖架等上面发现快速活动的虫体或红色小点。必要时，可以进一步作螨的种类鉴别。

【防治措施】治疗可以用马拉硫磷、甲氨甲酸萘酯、苄氯菊酯等杀螨剂。在对病鸟进行喷药或撒药粉治疗的同时，要对周围环境进行彻底清扫、烧毁垫料、脱落的羽毛、粪便等，再用0.5%的敌百虫溶液或10%的煤焦油溶液喷洒栖杠、鸟笼、器具等，作环境杀螨，亦可采用开水烫和太阳晒等方法。在喷洒药物时，要注意鸟的安全，先将鸟从笼内移出，防止中毒。为防止复发，要每隔几天杀螨1次，连续处理几次才行。

红螨喜欢温暖潮湿的环境，所以保持鸟笼的干燥，对预防红螨有积极的意义。此外，更为重要的是把好检查关，新购进的鸟一定要隔离一段时间，确定没有红螨才合群。

气管螨病

【病因】气管螨主要危害观赏鸟的呼吸系统，但发病率一般不高。

【临床症状】病鸟精神不振，咳嗽、打喷嚏，流眼泪，呼吸困难，张口呼吸，停止鸣叫，能听到其特征性的"咯咯"叫声。

【诊断要点】根据临床症状，进一步检查病鸟的气管和粪便，发现螨虫即可作出诊断。

【防治措施】治疗可用10%的马拉硫磷溶液和四丁酚醛混合液喷雾，每天1~2次，连用1周。同时要投喂适当的抗菌药物来治疗和预防继发性细菌感染。

鳞足螨或鳞面螨病

【病因】引发这类螨病的螨常见的有球柱膝螨、突变膝螨和鸡膝螨，属于疥螨科。这类螨体形都非常小，直径不足0.5毫米。在观赏鸟中，以长尾鹦鹉和金丝雀的发病率为高。这类螨一般寄生在鸟的口角、眼睑、腿部和泄殖孔周围等羽毛少或无羽毛之处，它们的全部生活史都在宿主的皮肤内完成。成虫在寄生的皮肤内挖掘隧道，并在其中产卵，卵经过幼虫阶段再发育成成虫。

【临床症状】虫体寄生部位的皮肤发炎增厚，形成鳞片和痂皮，使皮肤外观粗糙，出现皲裂。当其发生于腿部时，患病腿增粗，就如涂有厚厚的石灰，所以也称"石灰腿"，严重时，可见关节炎、趾骨坏死、腿部畸形。当其发生于喙部时，常见上喙变形。当羽毛的基部受到侵袭时，除了皮肤发痒发炎外，周围的羽毛还会脱落，严重时全身的羽毛几乎脱光。

【诊断要点】病损发生的部位具有诊断意义，如金丝雀的腿部出现硬皮壳病变，鹦鹉主要在鼻孔周围形成连续性病损等。刮取病变组织进行镜检，发现寄生虫体即能确诊。

【防治措施】此病早期治疗效果较好。可以用马拉硫磷、甲氨甲酸萘酯、苄氯菊酯等杀螨剂治疗。也可将杀螨药配制成油剂再使用。如果是腿部，可以将药物配成药液让患腿药浴，浸泡几分钟，使药液渗入患部皮肤组织内。隔2～3天这样处理1次，连续几次。

【诊疗注意事项】治疗患病严重的鸟时，应在使用杀螨剂前，先用油类制剂使其病变部皮肤软化，然后再涂抹杀螨剂，以保证疗效。

林禽刺螨和囊禽刺螨病

【病因】林禽刺螨（又称北方羽螨）和囊禽刺螨（又称热带羽螨）都属于刺螨属的螨类，分布于世界上许多温暖的地区，这些螨的整个生活史都能在鸟体表上完成。

【临床症状】鸟受到轻度侵袭时，一般没有明显的临床症状；严重侵袭时，病鸟表现烦躁不安，自己不停地啄毛，鸟羽失去光泽，肛门周围皮肤结痂皲裂，病鸟贫血消瘦，种鸟生产性能下降，幼鸟生长发育受阻。

图133 病鸟不停地啄毛,鸟羽失去光泽,杂乱不整,脱毛或短毛现象严重

【诊断要点】在鸟体表及羽毛上能找到寄生的虫体、虫卵即可确诊。必要时可以作螨的种类鉴别。

【防治措施】治疗可用马拉硫磷、甲氨甲酸萘酯、苄氯菊酯等杀螨剂喷雾。

【诊疗注意事项】为了保证杀螨效果,要特别注意确保喷洒的药液量能使皮肤和羽毛潮湿。

羽管螨病

【病因】羽管螨属羽螨类,其身体长形,体上有刚毛,寄生于鸟的羽管内。

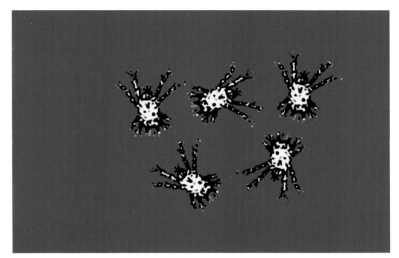

图134　钩吻鸽羽螨

【临床症状】鸟被轻度侵袭时，无明显临床症状。受到严重侵袭时，鸟的羽毛部分或全部损毁、脱落，在残留的羽鞘中布满了粉末样的碎屑。

【诊断要点】用放大镜在鸟的残羽鞘中找到寄生虫体，再进行必要的鉴定，便能确诊。

【防治措施】此病至今还没有理想的治疗方法，可以试着用马拉硫磷粉与滑石粉配制成4%的有效浓度，喷洒在病鸟身上；或用5%的甲氨甲酸萘酯，与滑石粉配制成0.5%的有效浓度，进行喷洒杀虫。

蜱　病

【病因】在鸟体上最常见的蜱是鸡蜱和翅缘锐缘螨，后者通常寄生于鸽子、麻雀及燕子身上。蜱在鸟迁移过程中，常常机械性地传播人畜传染病。有些蜱对宿主有严格的选择性，有些蜱寄生动物广泛，包括人、哺乳动物和鸟。笼养鸟的感染呈散发型，感染源是野鸟、哺乳动物等。蜱分软蜱和硬蜱，硬蜱背上有一角质甲，是寄生性蜱。在鸟体上，软蜱比硬蜱多。软蜱在吸血过程中，能传播其他疾病，如螺旋体病、禽埃及孢子虫病。孢子虫病能感染一些鹦鹉。而硬蜱可作为布鲁氏菌病、炭疽和麻疹病的带菌者。

【临床症状】病鸟的头部、颈部、肛门周围和腿部等羽毛较少的部位是蜱的好发寄生部位。由于蜱吸食宿主的血液，并在吸血过程中释放毒素，所以病鸟食欲不振，羽毛松乱，躁动不安，贫血消瘦，经常下痢。种鸟的繁殖力下降，幼鸟及青年鸟生长缓慢。受到严重侵袭时，病鸟可因贫血而衰竭死亡。

【诊断要点】病鸟可在头部、颈、肛门周围和羽毛稀少的地方见到成熟的蜱。吸血后的蜱像红豆大小，数个在一起，从病鸟的体表皮肤上发现虫体及相关病损可以确诊。

【防治措施】治疗蜱病可用杀螨药，每隔2周在晚上对鸟进行喷药。同时用马拉硫磷、杀虫畏和除虫菊等杀虫剂对整个鸟舍进行喷药，要使药物喷入各处的缝隙中。

在经常有蜱发生的地方，应每隔3个月对鸟笼、器具进行一次预防性喷药。

【诊疗注意事项】不要强行将蜱从皮肤上拿下，以免造成外伤。可用氯仿或乙醚棉花团放在蜱上，然后慢慢将其拔下。

环境灭虫可以在白天，但对鸟体施药则以晚上为宜。

虱 病

【病因】虱属食毛目昆虫，是鸟类常见的体外寄生虫之一。鸟虱种类很多，它终生不离开宿主。根据寄生部位不同，可分为头虱、体虱、绒毛虱。根据寄生的宿主不同，可分为鸽虱、鸡虱等。饲养密度过大，容易引发此病。

【临床症状】鸟虱主要嚼食宿主的羽毛和皮屑，也吸取鸟体的营养。虱对成年鸟通常无严重的致病性，但对雏鸟则可能造成严重的损害。虱的寄生不但有损鸟的外观，它对鸟体的刺激还会带来一系列的应激症

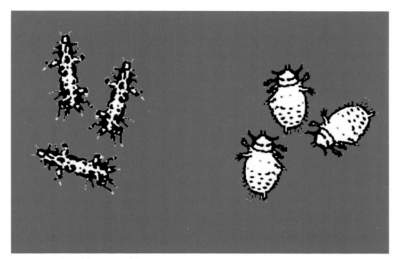

图135　常见的羽虱：长羽虱、圆羽虱

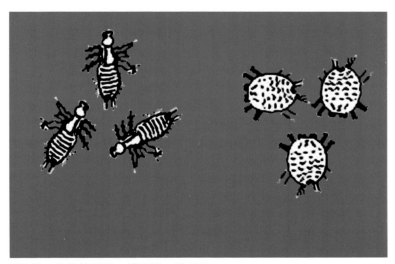

图136　常见的羽虱：绒羽虱、脱羽虱

状。病鸟烦躁不安，休息不好，食欲下降，可见啄毛癖，严重时皮肤化脓、脱毛，并伴有贫血现象。

【诊断要点】检查病鸟的体表和羽毛，发现虱的虫卵、虫体即能确诊。

【防治措施】治疗要选用适当的药物对鸟体进行喷洒，有时可采用沙浴和药浴的方法。常用药有马拉硫磷、除虫菊和甲氨甲酸萘酯等，其中除虫菊的毒性较小，但作用时间较短。在对鸟体作治疗的同时，必须对鸟笼及周围环境进行认真消毒和灭虫，清除和烧毁脱落的羽毛、粪便、垫料等杂物，并用适当的药物喷洒灭虫。

要注意饲养密度，不能过于拥挤。平时要注意鸟体与鸟笼的卫生，定期消毒，舍内要通风干燥，经常检查鸟体，发现有病及时治疗。有人用布袋装樟脑丸 5～6 粒，扎紧后挂在鸟笼内，据说有防鸟虱的作用。

【诊疗注意事项】因为杀虫剂大都不能杀灭虫卵，所以治疗时要每隔 1 周治疗 1 次，连续 3 次。

蚤 病

【病因】蚤是属蚤目的一种小型吸血昆虫，种类很多，但宿主的特异性不严格，甚至能在鸟和哺乳动物间互相转移。蚤的发育属完全变态，成虫营寄生生活，幼虫则自由生活。蚤分布于世界各地，多见于气候温暖的地区。健康鸟接触了带蚤动物或蚤的幼虫便会传染该病。

【临床症状】蚤的成虫寄生于宿主的皮肤上，以吸食宿主的血液为生。当只有少量虫体寄生时，宿主无明显症状，当大量虫体侵袭时，病鸟表现烦躁不安，严重影响休息和睡眠，严重者羽毛蓬松，外观不佳，贫血消瘦。

【诊断要点】仔细检查鸟的羽毛和皮肤，发现寄生的虫体和皮肤上的细小红点，结合临床症状可作出诊断。

【防治措施】治疗的重点是选用适当的杀虫剂杀灭蚤的成虫和幼虫，所用药物与治疗虱病的药物基本相同。鸟体的治疗和鸟笼及环境的清洁、灭虫应同步进行。为了保证治疗效果，要间隔10天重复处理1次，连续3次。

要注意鸟体与鸟笼的卫生，定期消毒，舍内要通风干燥，经常检查鸟体，发现病鸟及时治疗。如果是家中的笼养鸟，还应注意家里犬和猫等宠物的清洁卫生和灭虫，以免发生交叉感染。

黄曲霉毒素中毒

【病因】霉菌毒素中毒是鸟因为食入发霉变质或受霉菌严重污染的饲料而引起的一种中毒性疾病。

霉菌分布很广，种类繁多，其中有许多霉菌在其增殖过程中会产生一种或多种毒素。在众多的毒素中，最常见和危害最严重的是由黄曲霉及其他一些霉菌所产生的黄曲霉毒素。观赏鸟的饲料中常有花生、玉米等，这些饲料容易被黄曲霉菌侵染，并在引起饲料的霉变过程中产生大量的霉菌毒素。用这类发霉变质的饲料饲喂鸟，就会发生急性或慢性中毒。

【临床症状】由于鸟对毒素的敏感性不同和摄入量不同，临床症状有较大差异。严重的中毒病例可能会没有任何明显症状便突然死亡。病情较缓者，表现出精神委顿，嗜睡厌食，羽毛松乱，翅膀耷拉，有时会水样腹泻，还会出现痉挛和角弓反张等神经症状。慢性中毒者生长发育受影响，出现间歇性下痢，食欲不振，消瘦贫血，有的还会形成腹水，使腹部膨胀下垂。

剖检病变主要包括心包积液、心肌浊肿，肾脏肿胀、充血并出现小点出血，肠炎。明显特征见于肝脏，肝脏肿大，质地硬实，病程较长者可见肝脏坏死、硬变或出现肿瘤等。

【诊断要点】只凭临床症状和剖检病变要确诊此病有一定难度，需要进行病史调查，结合对食物有关毒素的化验分析结果才能确诊。

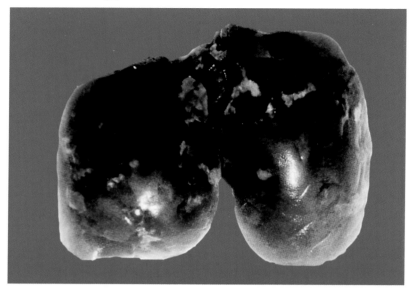

图137 肝脏质地脆弱,表面有出血点及黄白色坏死斑块

图138 病鸟反复出现痉挛和角弓反张等神经症状,重者很快便死亡

图139　胸腔内及心包内均有不同程度的积液、心肌浊肿，肾脏肿胀充血并出现小点出血

【防治措施】立刻停止饲喂发霉变质的饲料，供以新鲜的饮用水或以糖水代替饮水；将病鸟安置于安静温暖的环境中，让其口服5%～10%的葡萄糖液。有条件的可以在皮下注射等渗的电解质溶液。

预防本病的关键在于防霉，要注意饲料的加工和贮藏，不能饲喂发霉变质的饲料。

肉毒梭菌中毒

【病因】肉毒梭菌中毒症是由肉毒梭菌产生的毒素引起的家禽、家畜和人所共有的一种食物中毒性疾病。其特征为肌肉麻痹并迅速死亡。

肉毒梭菌广泛存在于土壤中，它本身不引起疾病。在缺氧的条件下，它在饲料、水果、肉食品中生长繁殖并产生毒素，这种毒素毒力很强，对豚鼠的最小致死量为每千克体重皮下注射0.000 12毫克，是已知的细菌毒素中最强的一种。在死鱼、烂虾及其他腐败变质的肉中都可能产生此毒素。此毒素可以在蝇蛆的体内和体表积聚，鸟若吃了含有此毒素的蝇蛆就能引起中毒。

【临床症状】从食入含肉毒梭菌的食物到发病一般1～3天,若食入的毒素量大,则在食后几小时即可出现明显的临床症状。其症状表现有嗜睡、厌食、运动失调,腿、翅膀及颈部肌肉麻痹,而致垂翅低头,或将头颈平伸于地上。其典型的症状就是颈软,所以此病又称为"软颈病"。病后期羽毛脱落,下痢。

剖检没有特征性病变,一般可见有轻度卡他性肠炎和肠黏膜出血。

图140　运动失调,腿、翅及颈部肌肉麻痹,而致垂翅低头,或将头颈平伸于地上

图141　剖检没有特征性病变,一般可见有轻度卡他性肠炎和肠黏膜出血

【诊断要点】可根据此病特有的麻痹症状、羽毛脱落、缺乏肉眼可见的特征性病变作出初步诊断。结合病史调查，查出食入腐败食物等，有助于诊断。

【防治措施】治疗可用泻药加速毒素的排出，有条件的可用肉毒梭菌抗毒素腹腔注射2～4毫升。对于病鸟要隔离，其粪便要妥善处理。

预防工作要注意不喂腐败的饲料，对病鸟的尸体一律销毁，不使鸟群与腐败的动物及野禽尸体接触。

【诊疗注意事项】使用泻药要适量。要给病鸟补充葡萄糖等营养，以增强它们的抵抗力。

食盐中毒

【病因】食盐是鸟日粮的重要配料之一，是鸟类维持其正常生理过程和生命活动所必需的物质。一般的鸟有吃食盐的习惯，当日粮中食盐含量超过0.3%，或在饮水中超过0.5%时，则可能发生食盐中毒。

【临床症状】鸟发生食盐中毒时可见其表现口渴，饮水量增加，嗉囊膨胀，无食欲，拉稀，口腔流出多量黏液，双腿无力，常常卧地不起，肌肉痉挛，严重的会发生水样腹泻，最后死于衰竭。

剖检主要病变有皮下水肿，心包积液，肺脏严重水肿，血液浓稠；嗉囊充满黏性液体，胃肠空虚，黏膜充血、出血并出现不同程度的炎症。

【诊断要点】根据临床症状和剖检病变，再结合对日粮和饮水含盐量的检测结果，此病不难作出诊断。

【防治措施】发现中毒应立即停喂含食盐的食物或饮水，充分供给清洁温水，必要时可以灌服大量温水，以稀释鸟体内的食盐浓度。中毒轻的，停盐后往往可不加治疗而自行好转。中毒严重的可以适当给一些利尿剂，加速过多盐分的排出。

预防此病要严格控制日粮中的食盐含量，保证供给充足的清洁饮用水。

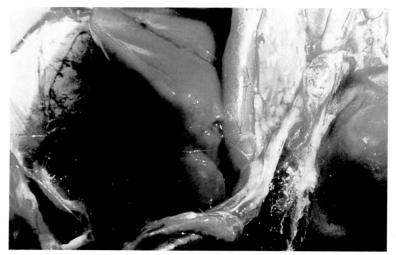

图142　病鸟死亡后经解剖肉眼可见肠黏膜充血、水肿

图143　病鸟肺部水肿、充血，个别病鸟死亡后经解剖发现肺部有尿酸盐沉积的斑块

图144　个别病鸟腹腔内有积液

磺胺类药物中毒

【病因】因为磺胺类药物抗菌谱广，性质稳定，使用方便，且价格较低，所以广泛用于防治鸟类的疾病。然而正因为如此，长时间连续使用、盲目加大剂量等情况时有发生，因而造成中毒事故。

【临床症状】急性中毒常见于超剂量用药的病例。病鸟精神亢奋，食欲废绝，出现腹泻，有的还间有痉挛和麻痹等症状，很快死亡。慢性中毒者多见于长时间连续用药的情况，病鸟表现精神沉郁，羽毛松散，贫血，出现腹泻或便秘，种鸟繁殖力下降，产软壳蛋，幼鸟生长发育受阻。

剖检病变是皮肤、皮下组织、肌肉和内脏器官广泛性出血。胃肠黏膜出现斑状出血，肠炎；肝肿大变色，出现点状出血和坏死；脾肿大，有出血性梗塞和灰白灶性坏死；心肌及胸、腿肌出血。

【诊断要点】根据临床症状和剖检病变，再结合用药史的调查，一般可以作出临床诊断。

图145 磺胺类药物中毒后,临床上常出现痉挛、抽搐、麻痹等神经症状

图146 呼吸困难、张口呼吸也是磺胺药物中毒的临床表现之一

图147　个别病鸟在磺胺药物中毒后期眼内有浅粉色的脓性分泌物

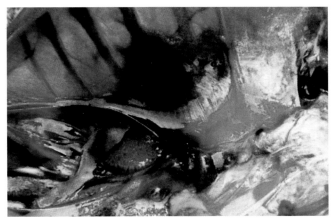

图148　临床解剖时肉眼所见：胸腔内有广泛性出血

　　【防治措施】　一旦发生中毒，应立刻停止用药，在饮水中加入5%的葡萄糖或食糖作一般性解毒，同时口服维生素C、复合维生素B和维生素K。为防止磺胺结晶的形成，可适量滴服1%～2%的碳酸氢钠溶液。

　　预防此病要严格掌握磺胺类药物的适应症、剂量及疗程，避免滥用和随意加大剂量、延长服药时间。在使用磺胺类药物时，时间一般不能超过1周，在给药期间应多给饮水，这样可防止中毒发生。

呋喃类药物中毒

【病因】呋喃类药治疗剂量与中毒剂量很接近，稍有不慎就会发生中毒，国家已经禁止使用此类药物。

【临床症状】急性中毒者发病快，病程短，病鸟兴奋不安，步态不稳，乱飞乱撞；有的会出现神经症状，如歪头、斜颈、惊厥、抽搐，很快死亡。慢性中毒者病情较缓，病鸟精神不佳，食欲不振，可见全身性水肿，种鸟停止产卵，幼鸟发育迟缓。

剖检病变包括消化道黏膜发黄，胃肠内容物也呈黄色，肠炎，肠系膜充血、出血、心肌变性、点状出血，肝和脾肿大，肺部出现淤血。

【诊断要点】主要根据临床症状、剖检病变再结合用药史进行诊断。

图149　患鸟在呋喃类药物中毒后临床症状急性期时，出现歪头、斜颈、惊厥、抽搐，常常来不及救治便死亡

图150 死亡的病鸟经解剖时发现肠黏膜充血坏死

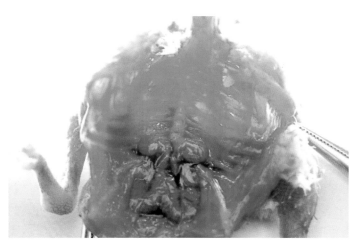

图151 呋喃西林中毒后,可引起不同程度的全身性水肿,以泌尿系水肿最为常见

【防治措施】发现中毒现象马上停止用药,同时用0.01%~0.05%的高锰酸钾溶液代替饮用水(也可用红糖水代替),连续饮用5天。适当使用维生素C、复合维生素B,对病鸟会有所帮助。

预防方法与磺胺类药物中毒症的预防方法一样。

杀虫剂中毒

【病因】农业上使用的杀虫剂有些残效期较长，使用不当，收获的籽实及蔬菜内就有一定的残留，当用这些籽实和蔬菜饲喂鸟时，就能引起急性或慢性中毒。家庭中有时会使用一些气雾杀虫剂，虽然它们一般都是毒性较低的，但如果用于小型鸟的生活环境时，也可能会因为吸入而造成危害。另外，为了杀灭体外寄生虫和鸟笼、鸟具等的灭虫消毒，也会使用一些杀虫剂，若使用不当，也容易引起中毒。

杀虫剂可以通过食入、吸入或接触等途径进入鸟体而引起鸟的急性中毒；大多数杀虫剂还会在鸟体脂肪组织内蓄积，当鸟处于饥饿、应激或疾病等状态时，机体因动员体脂以满足对能量的需要时，可能导致有足够数量的毒性物质释放出来，因而引发中毒。

广泛用于农业和家庭等方面的杀虫剂主要有有机磷化合物（如1605、1059、敌百虫、乐果、敌敌畏等）和卤化烃类化合物（如林丹等）。

【临床症状】有机磷化合物主要通过抑制体内胆碱酯酶的活性而起毒性作用，引起胆碱能神经的过度兴奋，腺体分泌亢进，胃肠蠕动加速，中毒后的症状有：精神萎靡不振，眼睛呆滞无神，流眼泪。食欲废绝，大量流口水、鼻水、呕吐，呼吸加快，肌肉震颤无力、口渴、下痢，运动失调，最后常因呼吸道被黏液堵塞或呼吸中枢被抑制窒息而死。

卤化烃化合物主要损害中枢神经系统，中毒后可见明显的神经症状，如肌肉震颤，腿强直，麻痹，口吐白沫，共济失调，呼吸困难，心跳加快；也有的出现精神沉郁，昏迷等症状。这些症状一般在中毒后12～24小时内出现，其潜伏期长短主要与中毒的剂量有关。最终中毒鸟可能因虚脱而死。

【诊断要点】根据临床症状和病史的调查，能作出本病的初步诊断，饲料和胃肠内容物的毒物化验有助于进一步确诊。

【防治措施】杀虫剂中毒症的治疗原则是尽快解毒排毒。解毒、排毒可灌服盐类泻剂等（严禁用油类泻剂），以尽快排除嗉囊及胃肠道内

图152 食欲废绝，大量流口水、鼻水，呕吐，下痢，运动失调，最后常因呼吸道被黏液堵塞或呼吸中枢被抑制窒息而死

图153 病鸟精神萎靡不振，眼睛呆滞无神，流眼泪，呼吸加快，肌肉震颤无力

尚未吸收的农药。灌服石灰水等碱性药物以破坏其毒性。配法：用3克氢氧化钙溶解在1 000毫升的冷水中，搅拌均匀，取上清液灌服5～7毫升。此法对解1605的毒性作用较好，但对解敌百虫的毒性无用。中毒严重时可以注射解毒药，有机磷杀虫剂的特效解毒剂是解磷毒和阿托品，可皮下或肌肉注射，剂量为：皮下注射每100克体重0.08～0.2毫克，肌肉注射每100克体重0.01～0.02毫克。中枢神经系统抑制剂可用于拮抗卤化烃类杀虫剂所产生的神经紊乱，如可以注射苯巴比妥，剂量为每100克体重肌肉注射2～4毫克。此外，还要将病鸟置于温暖和空气新鲜的环境，避免各种刺激。

预防杀虫剂中毒要加强管理各种杀虫剂的贮存与使用，不用被杀虫剂污染的饲料喂鸟，避免在鸟生活的小环境中使用大量杀虫剂；在治疗鸟体外寄生虫时，要选用毒性低、安全较高的药物，控制其一定的浓度；在以鸟笼及用具消毒杀虫时，应先将鸟移出，经一定作用时间并冲洗干净后才能将鸟放回。

植物中毒

【病因】 植物中毒是指鸟误食有毒植物后而引起的一种中毒性疾病。

根据研究得知，栽种于庭院内外的多种植物，如紫藤、杜鹃花、龙葵、黄檗、水蜡树等，对鸟来讲都有某种程度的毒性。当鸟误食了这些植物后，就可能发生中毒。

【临床症状】植物性中毒的临床症状多表现为精神抑郁、共济失调、痉挛、腿翅麻痹，有的还会出现胃肠道功能紊乱的种种症状，如呕吐、腹泻等。

【诊断要点】根据临床症状和发病情况进行诊断。

【防治措施】治疗可口服或注射葡萄糖盐水和维生素C，同时对病鸟加强护理。

平时要供给充足的饮用水和日粮，在鸟生活的环境中避免栽种对鸟体有毒的植物。

图154　中毒的鸟只临床上常表现为，共济失调、痉挛、腿翅麻痹，不能站立

重金属中毒

【病因】重金属中毒主要指由汞、铅、锌等一类重金属所引起的中毒性疾病。

含铅的颜料和油漆，电镀于金属笼子上的锌，以及用作焊接鸟笼的固化剂等，都可能成为重金属中毒的来源。一般用作种子保存剂的汞化合物对鸟也有毒性，如果用其处理过的种子饲喂鸟，就会引起中毒。

【临床症状】重金属引起的中毒症在临床上有多种表现，其中主要是胃肠功能紊乱所导致的厌食、呕吐、腹泻，有时也可见肝脏和肾脏退行性病变而引起的继发性影响，还可见共济失调、惊厥或沉郁等神经症状。

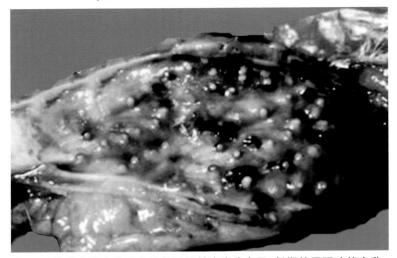

图155　此类中毒在临床上往往以慢性中毒为多见。长期的胃肠功能紊乱、呕吐，刺激胃黏膜，造成黏膜充血及出血

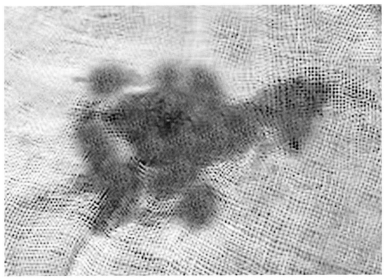

图156　中毒严重的鸟，呕吐物的颜色为咖啡色，内有血丝

【诊断要点】仅凭临床症状很难诊断，因为本病的临床症状并没有特异性，要结合病史调查等进行综合分析。剖检后化验肝脏的含铅量如果达 10 毫克／千克以上时，可以有诊断意义。

【防治措施】对本病目前还没有理想的治疗方法，可以用适当的轻泻剂，以清除胃肠道内的残留重金属，然后肌肉注射 EDTA 钙 3 毫克／100 克体重，每天 2 次，可能有效。

预防本病最关键的一点是避免鸟接触一些含重金属的物质。

维生素 A 缺乏症

【病因】维生素 A 是保护皮肤、黏膜等的重要物质，它具有促进生长发育、维持正常视力和神经细胞正常机能的作用，也具有促进食欲和增强对疾病抵抗力的作用。

当日粮中的维生素 A 含量不足，或饲料存放时间过久，维生素 A 被氧化时，就会发生此病。

【临床症状】维生素 A 缺乏的主要症状有：

1. 病鸟会在眼、鼻、口腔或肛门等处流出黏液性或化脓性渗出物，常见口腔黏膜溃疡。

2. 眼睛、鼻发炎，眼睑肿胀，视力下降，眼睛出现豆腐渣样分泌物，有时上下眼睑粘在一起。有的鸟发生干眼病，或者一侧的眼球下陷，但眼球还没有受到破坏，还有视力。病情严重的会发生角膜穿孔，导致前房液外流而失明。

3. 消化道症状，拉稀且有腥臭味，不思饮食，羽毛没有光泽。剖检可见口腔、咽喉、食道，甚至嗉囊的黏膜溃疡、坏死，上面有灰白色小结节或灰白色松软的伪膜；肾脏苍白肿胀，心包、肝脏表面、腹腔浆膜和关节内间有灰白色尿酸盐沉积，羽毛松乱，运动失调。

4. 雏鸟维生素 A 缺乏时会出现生长发育迟缓或停止。

【诊断要点】病鸟口腔和眼睛的临床症状和剖检病变具有一定特征性，可以据此作出临床诊断。

图157　维生素A缺乏患鸟羽毛杂乱、逆立

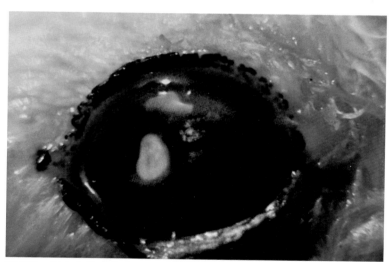

图158　患鸟在临床上常发生结膜炎、角膜炎以致角膜混浊，形成灰白色
坏死病灶

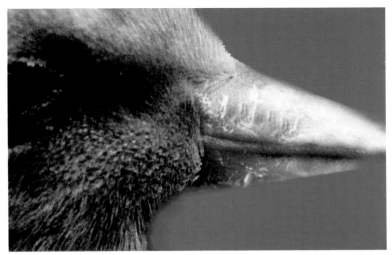

图159　患病幼鸟上喙部位在临床上常见角质层粗糙化，并有部分脱落

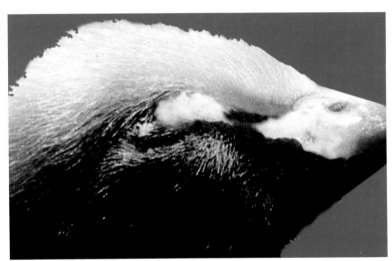

图160　个别幼鸟因母体缺乏维生素A而导致幼鸟上下眼睑粘连，眼睑内及眶下窦有混浊性渗出物

【防治措施】

1. 治疗 维生素 A 缺乏可以用鱼肝油治疗，每天喂浓鱼肝油一滴，连用 3 天，可以很快治愈（眼球已破坏的无法治愈）。眼有分泌物或上下眼睑粘连时可用 3% 的硼酸水清洗。

2. 预防 在饲料中适当添加胡萝卜、青菜或水果可以预防维生素 A 缺乏，也可以添加鱼肝油，但如果掌握不好容易引起中毒。

【诊疗注意事项】使用维生素 A 制剂时，用量不能过大，以每只鸟 5 000～50 000 国际单位为宜，否则可能引起中毒。

维生素 B 族缺乏症

【病因】维生素B族是一类水溶性维生素，包括硫胺素（维生素B_1）、核黄素（维生素B_2）、泛酸（维生素B_3）、吡哆醇（维生素B_6）、烟酰胺（维生素 pp）、叶酸（维生素B_{11}）、钴胺素（维生素B_{12}）和生物素（维生素 H）等。这些维生素之间在功能上有密切的联系，如果某种维生素B缺乏，其他维生素B也容易发生不足。维生素B族的主要生理功能是作为机体新陈代谢过程中多种酶类的辅酶和活化因子而参加机体内各种营养物质的代谢过程。维生素 B 在碱性环境中容易被破坏。

【临床症状】缺乏某种维生素 B 时，可以产生相应的临床症状和剖检病变，其表现与家禽的类似缺乏症的症状和病变相似。

维生素B_1缺乏时，病鸟最初表现为消化不良，拉稀、消瘦，生长受阻。随后，颈和四肢的肌肉发生间歇性痉挛。到了后期食欲锐减，腿翅麻痹，趾爪弯曲，最后衰竭而死。种鸟的繁殖力和种蛋的孵化率明显下降。

维生素B_2缺乏时，幼鸟和青年鸟发育缓慢，羽毛没有光泽，消瘦，皮肤粗糙，足趾向内弯曲，腿肌萎缩，行走困难，种鸟繁殖性能减退，死胚增多。

维生素B_3和维生素B_2的关系密切，当其中一种缺乏时，鸟体对另一种维生素的需要量就增加。维生素B_3缺乏时，病鸟生长缓慢，骨骼发育不良，四肢粗短，关节肿大，羽毛松乱并脱落，发生皮炎，嘴角和眼睑常有痂样损害，有时还会发生神经炎。

维生素B_6缺乏时，病鸟食欲不振，发育不良，出现骨短粗症和痉挛、抽搐、运动失调等神经症状。种鸟繁殖力下降。

维生素B_6和维生素pp及色氨酸在物质代谢过程中密切相关。维生素pp除了从饲料中直接获取外，也可以由体内的色氨酸转化而来，而这个转化过程必须有维生素B_6的存在。当维生素B_6和色氨酸缺乏时，就容易发生维生素pp缺乏症。它能使幼鸟和青年鸟生长迟缓，关节肿大，腿骨弯曲，口腔发炎，有时还会有皮炎。

维生素B_{11}和维生素B_{12}有"造血"维生素之称。维生素B_{11}缺乏时，造血机能发生障碍，出现恶性贫血。如果这两种维生素同时缺乏，还可导致核蛋白代谢障碍，引起营养性贫血。这两种维生素的缺乏症在临床表现上很相似，病鸟发育不良，食欲不振，羽毛生长不好，羽毛的色素减退，出现贫血、骨短粗症。维生素B_{12}缺乏的后期还可见病鸟的颈及腿翅麻痹，卧地不起，严重下痢，呼吸困难，最后衰竭而死。

维生素H缺乏时也可见骨骼，特别是四肢长骨及龙骨变形，喙变形，跗关节肿大，食欲减退，消化不良等症状。

图161　在临床上患鸟常出现神经症状，中枢神经紊乱患鸟转圈行走，并伴有抽搐

图162　患鸟头部偏向一侧，肢体无力，身体侧卧于地面

图163　维生素B$_2$缺乏症的患鸟由于坐骨神经麻痹，双腿常出现"劈叉"状

图164 维生素B₂缺乏严重时，椎体神经丛容易受到损伤。如图坐骨神经丛肿大（↑）

图165 患鸟末梢神经受到损伤时，常引起腿部麻痹，临床上则表现为双趾内旋

【诊断要点】因为各种特征比较明显，所以可以根据临床症状作出初步诊断。

【防治措施】怀疑B族维生素缺乏时，要马上对鸟的饲料进行必要的检查和分析，同时给予可能缺乏的维生素，如肌注或口服各种维生素B的制剂、复合维生素B、速补18等。

平时注意饲料的科学搭配和多样化是预防B族维生素缺乏症的最好方法。可以在饲料中酌量加一些花生粉、鱼粉或骨粉等。除此之外，平时还应多喂一些水果或绿叶蔬菜。

维生素C 缺乏症

【病因】因新鲜的蔬菜中都含有丰富的维生素C，故一般情况下鸟不会患维生素C缺乏症。但在生长期以及发生骨折、撞伤时，维生素C的需要量大增，此时如果饲料调制不当也会发生维生素C缺乏症。

【临床症状】缺乏维生素C，会引起败血症，毛细血管发脆，容易出血，骨质也变得脆弱。

【诊断要点】根据临床症状和病史调查可作出初步诊断。

【防治措施】防治维生素C缺乏症的办法很简单，就是平时多喂新鲜蔬菜。

维生素D 缺乏症

【病因】维生素D是一种脂溶性维生素，其主要生理功能是调节鸟体内的钙磷代谢，促进机体对钙和磷的吸收，提高血钙、血磷的浓度，以利于钙磷在骨组织内的沉积和钙化。引起本病的原因大多因为鸟的日粮营养不全，或者鸟没有机会晒太阳。

【临床症状】缺乏维生素D时会影响鸟对钙的吸收和利用，造成生长停滞，出现生长发育不良，羽毛粗乱无光泽；胸骨、喙和爪变形或弯曲，严重的腿部弯曲变形；关节肿大，胸骨突起，两腿无力，喙和爪软化，称为佝偻病或软骨病。活动减少，常蹲伏休息。雌鸟产软蛋而影响繁殖。

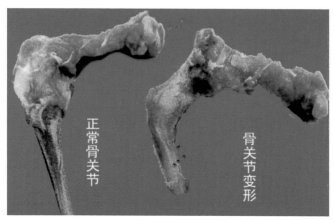

图166　维生素D不足或缺乏时，常造成腿骨弯曲变形

图167　患鸟胸廓变形，龙骨突出

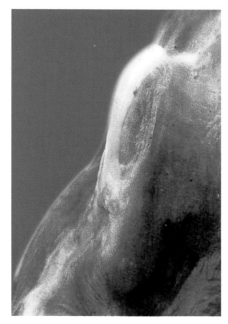

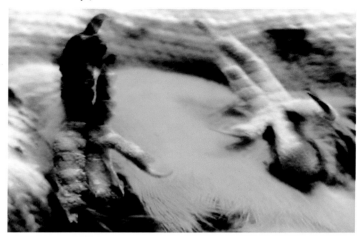

图168　病鸟长期缺乏维生素D造成趾爪变形或弯曲,趾关节肿大,行走跛行

【诊断要点】本病临床特征明显,可以据此作出临床诊断。

【防治措施】

1.治疗　喂服浓鱼肝油补充维生素D,每天一滴,连用3天。在补充维生素D的同时还要注意是否有缺钙的问题,可以在补充维生素D的同时添加骨粉和贝壳粉,以补钙。

2.预防　经常到室外晒太阳,能够促使鸟自行生成维生素D。但要提醒大家注意的是,透过普通玻璃的阳光起不到促进鸟生成维生素D的作用。用鱼肝油加入饲料中便可。

维生素E 缺乏症

【病因】维生素E也是一种脂溶性维生素,是一种有效的抗氧化剂,它能保护细胞膜免受过氧化物的毒性损害,还具有防止心肌和骨骼肌衰退、促进末梢血液循环、维持和促进生殖功能及抗应激的作用。

【临床症状】缺乏维生素E，鸟就会发生脑软化症，神经功能失常，运动系统发生障碍，表现为一迈步就跌倒，头、腿震颤，虽然仍有饥饿感，但嘴和舌的动作不协调，有时趾关节肿大。剖检病变包括脑膜出血水肿，脑组织软化，脑沟变平而模糊，胸腹部皮下胶样液体浸润。

图169　维生素E缺乏的幼鸟，常引起中枢神经紊乱，外周神经麻痹，临床表现为偏头、斜颈、软腿，站立不起

病变组　　　　　　　　对照组

图170　右图为对照组，左图所显示脑组织有弥漫性的出血

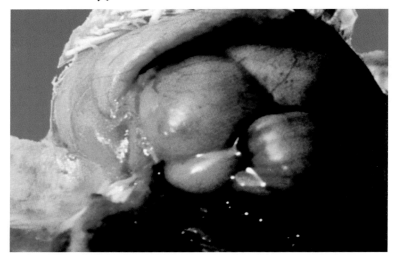

图171　维生素E缺乏的病鸟，可见脑膜出血、半球后部组织呈黄色液化及软化状态

　　缺乏维生素E时鸟会发生运动失调，头颈后仰，弯曲成S状。虽然很想吃食，但实际上已经很难吃进食物和水。有时突然触摸一下会引发鸟出现头颈后仰，头颈弯曲呈S状，站立不稳，有时会倒地，稍安静后可能恢复正常。随着病情加重，几天就会死亡。

　　【诊断要点】可以依据临床症状和剖检病变进行诊断。

　　【防治措施】

　　1．治疗　喂服维生素E，每次5毫克，每天2～3次。可以在日粮中添加适量的维生素E剂。严重的可以肌注维生素E，第一天20毫克/千克体重，第二天5毫克/千克体重，同时口服维生素E，剂量为5毫克/天。

　　2．预防　平时可以在饲料中增加新鲜麦芽、谷芽或某些富含维生素E的青绿饲料；注意饲料的贮存和保管，不用腐败变质的饲料；换羽及繁殖期间适当增加维生素E的补给。

维生素K 缺乏症

【病因】维生素 K 的主要生理功能是参与肝脏合成凝血酶原和参与正常的凝血过程。缺少了维生素 K，肝脏合成凝血酶原的能力降低，凝血时间延长，并且微小血管会受损、出血。正常情况下，维生素 K 可以由成鸟肠道中的细菌合成，而处于生长期的幼龄鸟则必须从新鲜的青绿饲料和大豆、绿豆等饲料中获取。当饲料配合不当，或者因为滥用抗菌药物、维生素 A 不足，胃肠炎症或肝胆疾病引起肠道正常菌群紊乱和肠道功能障碍时，将影响维生素 K 的合成和吸收，导致维生素 K 的缺乏。

【临床症状】病鸟进行性消瘦，但食欲仍然很好；裸露的皮肤和可视黏膜较为苍白，一旦发生创伤出血，常常难以止血，凝血时间明显延长；胸腹部、腿部等处皮肤及皮下多处点状出血。

图172　当发生维生素K缺乏症时，胸腹部、腿部等处皮肤及皮下多处点状充血

【诊断要点】此病可以根据症状再结合检测凝血时间来综合诊断。

【防治措施】发生维生素K缺乏症时，可口服或肌注维生素K制剂，同时在日粮中适当增加富含维生素K的黄豆、葵花籽、绿豆等的比例。

科学饲养，合理搭配饲料，避免滥用各种抗菌药物是预防维生素K缺乏症的重要措施。

钙和磷缺乏症

【病因】钙和磷在体内的物质代谢过程中关系极为密切，它们都是构成骨质的重要成分。鸟体对钙磷的需要量因鸟的种类、年龄和产蛋与否等的不同而有些许差异，而钙磷的吸收和利用又与适量的维生素D的存在密切相关，也与钙磷两者之间的恰当比例密切相关。在维生素D供给充足的情况下，钙与磷的理想比例一般为（1.5～3）：1。

饲料中钙和磷或维生素D的含量不足，或钙与磷的比例严重不平衡，都将引发幼龄鸟的佝偻病或成鸟的软骨病，这种病特别多见于缺乏光照的笼养鸟中。笼养鸟因缺乏阳光照射，维生素D₃的有效转化和尾脂腺的正常分泌都会受到影响，容易诱发该种维生素缺乏症。此外，日粮中砂砾不足可以导致因肌胃中缺乏砂粒而引起饲料消化不全，无机盐和维生素不能充分吸收利用，从而引发这些元素和维生素的缺乏症。

【临床症状】脊椎、爪和胸骨变软是幼鸟佝偻病中最先出现的症状，胸骨呈S形弯曲，肋骨向内凹陷。随着病情的发展，四肢长骨和喙变软，受力时易发生弯曲。病鸟活动减少，关节肿大，生长发育受阻，体质虚弱。病的后期，病鸟腿严重虚弱，经常蹲伏于跗关节上。成鸟患软骨病时，精神沉郁，经常啄羽，不愿走动和飞翔，骨质变薄，抓捉时易发生自发性骨折。种鸟繁殖力下降，产软壳蛋或薄壳蛋。

【诊断要点】根据临床症状，结合发病情况诊断。

【防治措施】佝偻病早期，当症状还不是很严重时及时治疗，可望康复，否则治疗价值不大。患软骨病的成鸟一般在给予治疗1周后症状可以有所改善，但完全康复可能要1个月或更长时间。

　　治疗包括供给含钙磷丰富的饲料，如石膏粉等，同时补充适量的维生素D。为了加速病鸟的康复，病鸟可喂服乳酸钙或葡萄糖酸钙，同时加服鱼肝油。

　　平时要加强饲养管理，保持鸟笼的干燥，合理搭配饲养，保证适当的光照。

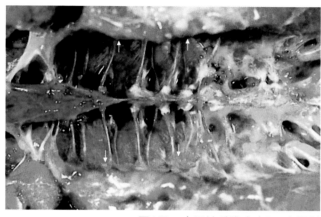

图173　由于缺乏维生素D，在解剖时发现肋骨的脊椎部位与胸骨的结合部位常常肿大呈念珠样，临床上称为肋骨串珠

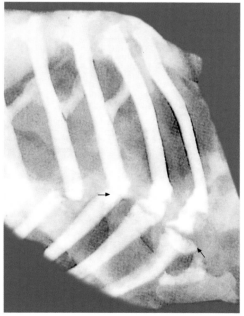

图174　由于钙的缺乏，肋骨的脊椎与胸骨结合部的骨垢愈合得非常迟缓，极易发生骨折

碘缺乏症

【病因】碘是保持甲状腺正常生理功能所必需的无机元素。饲料中碘含量不足是引起碘元素缺乏的主要原因。碘缺乏时，甲状腺的合成和分泌减少，进而反射性地引起脑下垂体前叶增加促甲状腺素的分泌，继而引起甲状腺滤泡的增殖，导致腺体的肥大，产生所谓甲状腺肿症。

甲状腺肿症的发生除了与饲料中碘含量不足有直接关系外，如大豆等植物中含有多种致甲状腺肿因子，此时即使供给充足的碘，也仍可能使甲状腺素的合成受到抑制，出现缺碘样的后果。

【临床症状】病鸟精神萎靡，嗜睡，不爱活动，皮肤干燥，羽毛松乱，基础代谢降低，当周围温度发生较大变化时，机体往往难以维持体温的恒定；血胆固醇升高，脂肪过度沉积，体重增加；心跳及呼吸减缓，排细小粪便或便秘。

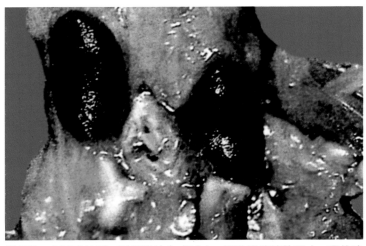

图175　由于碘缺乏，甲状腺的合成减少，导致甲状腺体肥大，甲状腺呈对称性肿大

图176　患病的鸟在临床上常表现精神萎靡, 嗜睡, 羽毛松乱

　　【诊断要点】检查病鸟血中甲状腺素的水平, 或钡餐X线透视观察嗉囊的排空速度, 这些手段都有助于甲状腺肿症的生前诊断。

　　【防治措施】治疗可选用碘化钠、碘化钾、鲁格氏溶液和左旋甲状腺素。轻者可口服, 重者最好进行注射。

　　预防此病要加强饲养管理, 在日粮中添加适量的牡蛎粉、鱼肝油等含碘丰富的物质。

钾缺乏症

　　【病因】机体内的钾主要存在于细胞内, 具有维持膜电位和细胞内、外液平衡的作用, 同时也直接参与体内的多种生化反应。此外, 钾在维持心脏的正常活动方面也具有重要作用。天然饲料中一般都含有丰富的钾, 在正常情况下, 发生钾缺乏症的可能性较小。

图177　患鸟在临床上经常表现腿翅发软、呼吸浅表以及全身肌无力症状

　　发生严重的腹泻和呕吐是引起钾元素缺乏的主要原因。

　　【临床症状】钾缺乏时，病鸟除了表现原发性疾病的种种症状外，还可见腿翅无力，肠道臌胀充气，心脏衰弱、呼吸浅表等全身肌无力的现象。

　　【诊断要点】根据临床症状和病史的调查，可以作出临床诊断。

　　【防治措施】在进行原发性疾病治疗的同时，及时经饮水补给含钾的电解质，严重者也可肌肉注射或静脉注射适量的钾制剂。

氯和钠缺乏症

　　【病因】氯和钠是构成食盐的两种成分，是机体生命活动过程中不可缺少的两种无机元素。一般情况下鸟不易发生氯和钠的缺乏，如果饲养不当，日粮中食盐含量过高，则可能发生食盐中毒症（前面已经提到过）；如果日粮中食盐含量过低，或者因为剧烈呕吐或严重腹泻而导致电解质丢失过多时，则将发生这两种元素的缺乏。

【临床症状】氯和钠轻度缺乏时，病鸟精神不振，食欲减退，容易疲劳，出现啄癖，种鸟繁殖力下降。当严重缺乏时，可见痉挛、中枢神经系统抑制和循环障碍等症状。

【诊断要点】根据临床症状，结合病史调查综合诊断。

【防治措施】如果因为日粮中食盐含量过低引起本病，可调整日粮配方，适当增加食盐含量。如果是因呕吐和腹泻所引起，要在治疗原发性疾病的基础上，同时进行针对性的对症疗法。严重病例可以静脉注射适量的生理盐水。

图178　肢体的痉挛、抽搐是氯和钠严重缺乏时临床上经常出现的症状

其他无机元素缺乏症

鸟在其生命活动过程中还需要诸如铁、铜、锰、硫、硒、钴、钼等元素，当这些元素缺乏时，其所引起的临床症状和病变与家禽的相应的缺乏症的症状和病变十分相似。

　　铁元素是血红蛋白、肌红蛋白、细胞染色质和某些酶的主要成分之一。如果发生铁缺乏时，将会发生缺铁性贫血。

　　铜与铁两者间的关系比较密切，铜能促进机体对铁的吸收，参与血红蛋白的合成。此外，铜对糖的代谢也有影响。铜元素缺乏时，病鸟出现与缺铁时相似的贫血症状，食欲不振，生长迟缓，羽色晦暗，消化紊乱。

　　锰是形成正常骨骼的必需无机元素之一。锰缺乏时，病鸟的临床表现为骨短粗症和脱腱症。病鸟跛行，跗关节着地，经常由于采食不便，身体逐步衰弱，造成器官衰竭，最终导致死亡。

　　硫是含硫氨基酸的主要组成成分之一，而后者多为必需氨基酸。当饲料单纯，搭配不当，就会因蛋白质不全价而导致缺乏硫。必需氨基酸对腺体、肌肉和皮肤的正常生理活动和羽毛的正常生长都具有重要作用。缺乏时，将引起肝肾功能障碍，肌肉乏力，皮肤干燥而粗糙，羽毛松乱，羽色晦暗，并导致啄羽癖。在日粮中添加羽毛粉和多种氨基酸制剂，能起治疗作用。

　　硒也是鸟体所必需的微量元素，它在预防和治疗渗出性素质方面与维生素 E 有一种互补作用。

图179　锰缺乏的病鸟骨骼系统非常容易受到损伤，图为病鸟左侧跗关节受到损伤后，左腿胫爪部位严重外展而不能正常地接触地面

图180　个别病例在临床解剖时可发现胫骨远端发生扭转（右图）和胫骨弯曲（左图）

图181　病鸟病情严重时双侧跗关节都会受到损伤，临床上表现为双跗关节着地，不能站立

钴是形成血红蛋白和物质代谢中所必需的微量元素。钴缺乏时，抗贫血因子维生素 B_{12} 的合成不足，影响神经和内分泌系统的正常功能，从而导致严重的营养障碍。病鸟精神不振，贫血无力，毛色无光，生长缓慢。

鼻 炎

【病因】鼻炎多因感受风寒引起，是一种上呼吸道疾病。鼻炎的病因较复杂，突冷突热、鸟突然遭到雨淋、贼风吹袭，或因长途运输、应激等，都可能引起鼻炎。

此病一年四季都会发生，但最常见于气候寒冷的秋冬季节，且幼龄鸟发病较多。

【临床症状】病鸟鼻部肿胀，呼吸困难，常打喷嚏，鼻黏膜潮红，常流出水样鼻液，精神萎靡，食欲不振，羽毛松乱，常在僻静处发呆。重者还会引发眼炎，流眼泪。若波及上呼吸道，还可见病鸟呼吸急促，咳嗽不断。

图182　由于患有鼻炎，炎性长期刺激鼻黏膜，造成鼻孔周围组织产生炎性反应

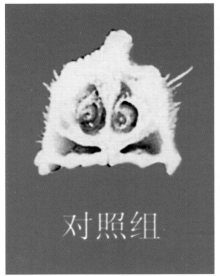

图183 以禽为例，经病理做横断面解剖肉眼所见，在鼻孔与眼睛之间断层分析，发现腔壁增厚，腔内有黏液性渗出，临床上呈水肿性肿胀

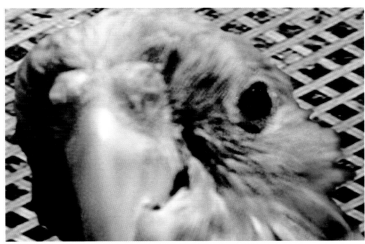

图184 鼻周组织炎性反应明显

图185　鼻周组织由于炎性刺激，出现弥漫性充血

【诊断要点】根据临床症状和发病的情况进行诊断，要注意与可能引起类似呼吸症状的传染性疾病相鉴别。

【防治措施】将病鸟安置于温暖处，加强护理，用棉拭子或纸捻细心地清除鼻腔和眼内的分泌物后，可用少许1%的麻黄素溶液或植物油滴鼻。为了治疗和预防细菌性继发感染，可适当地选用一些抗生素、磺胺类药物。还可给病鸟服用银翘解毒丸，每天2次，每次1片，连服3天。

预防此病要注意防寒保暖，对鸟舍保持通风的同时要严防冷风直接吹入。在气温突变时，可喂中草药预防：地胆头25克、金银花10克、桉叶6克煎水，可供50对鸽子饮用。每天1次，连服2～3天。

支气管炎

【病因】鸟支气管炎是鸟的呼吸系统疾病，起因大都是由于鼻炎和感冒所引起，特别是气温急剧变化时尤其容易引发。

【临床症状】病鸟经常发生咳嗽，呼吸急促，喉中发出"呼噜呼噜"的水泡声，同时口中流出一些黏液。若不及时治疗，会导致肺炎和气囊炎，呼吸更加困难，甚至会死亡。

【诊断要点】根据临床症状和发病的情况进行诊断，注意与可能引起类似症状的其他传染性疾病相鉴别。

【防治措施】防治方法与鼻炎防治方法相同。

情况严重者可以注射青霉素，每只2万～5万国际单位；或肌肉注射庆大霉素，每只0.8万～1万国际单位，每天2次，连用3天。有咳嗽喘气现象时，同时服用止咳糖浆或复方止咳丸，每天2次，连服3～5天。

图186　经解剖后气管黏膜广泛性充血

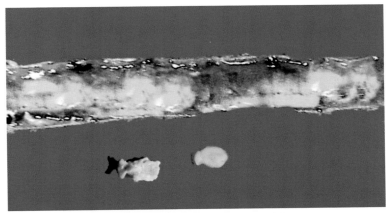

图187　发病后期气管管壁黏膜有黄色奶酪样的渗出物

肺　炎

【病因】肺炎是指肺脏的炎症。肺炎杆菌、肺炎双球菌、巴氏杆菌、大肠杆菌、绿脓杆菌、链球菌、金黄色葡萄球菌等多种细菌，曲霉菌等真菌以及其他病原体的侵染都会引发肺炎。感冒后未及时治疗，饲料质量不好、卫生条件差及各种应激等，凡是能引起机体抵抗力降低的因素，都可能是肺炎的诱发因素。有时在喂药时误将药物粉末或小颗粒吸入气管和支气管，也会引发吸入性肺炎。

【临床症状】发热、呼吸急促、肺部炎性病变是肺炎的特征。病鸟精神不振，闭目无神，有时还将头插入翅膀下，乍毛，怕冷，食欲降低，体温升高，气喘，肺部有啰音，死亡率高。

剖检可见肺脏淤血、肿胀，肺实质内有散在性的几个至几十个大小不等的肺炎病灶，严重者可以波及肺的大部，甚至整个肺叶，病灶隆起，质地较硬。

图188　患鸟感染肺炎后精神不振，羽翅下垂，羽毛逆立

图 189　肺部感染后临床解剖时常常在肺部见到干酪样的病灶

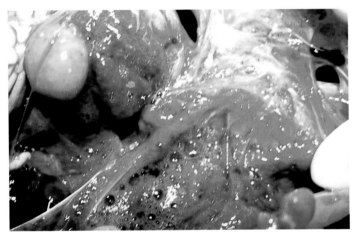

图 190　剖检可见肺脏淤血、肿胀

【诊断要点】根据呼吸急促、气喘等症状和体温升高等可以作出生前的假设性诊断，要注意与可能引起肺炎病变的多种传染性疾病相鉴别。作 X 线透视有助于本病的诊断。

【防治措施】如果是细菌性肺炎，治疗可用多种抗生素和磺胺类药物；如果是霉菌性肺炎，治疗要用克霉唑、制霉菌素等药物。病情严重者在作上述治疗时，要注意补充体液和调节体液的酸碱平衡，口服或注射等渗葡萄糖盐水。与此同时，要加强防寒保暖，保持空气清新，搞好环境卫生。

如果是其他传染性疾病引发的继发性肺炎，应在对症治疗的同时，注意对原发性疾病的治疗和预防。

预防本病要加强饲养管理，科学搭配日粮，保持空气流通，注意防寒保暖。总之，增强鸟体的抗病能力是关键。

【诊疗注意事项】在治疗细菌性肺炎使用抗菌药物的同时，最好适量加喂维生素 C、酵母片、速补 18 等，这样效果会好一些。

硬嗉病

【病因】硬嗉病又称滞食，此病多是由于饥饿后暴食，较长时间饮水不足，粗硬料和干粉料摄入过多，运动量不足而引起饲料滞积于嗉囊内不能正常排空所致。有时鸟误食了难以消化的树枝、羽毛等，也会导致硬嗉病。

【临床症状】病鸟精神沉郁，食欲不振或废绝，嗉囊膨胀隆起，触之硬实，若病情加重，压迫气管会导致死亡。

图 191　硬嗉病
嗉囊内积存着没有消化完并已经腐烂的食物，严重影响着病鸟的食欲。

图192　硬嗉病
从患嗉囊炎病鸟的嗉囊中取出的坚硬的石粒及未消化完的麦粒。

【诊断要点】在喂饲后3小时检查病鸟的嗉囊，如果胀大硬实，再结合临床症状，可以诊断为患硬嗉病。

【防治措施】治疗处理时，先从口中注入少量植物油或1～2毫升1%的稀盐酸于嗉囊内，然后在嗉囊外轻轻向下按摩，使嗉囊内贮积物软化并慢慢下行进入腺胃和消化道。以后喂服适量的酵母片，同时停料1天，让其好转。如果此方法不行，还可先用细橡皮导管轻柔地插至嗉囊内，以20%的硼酸水冲洗，若嗉囊中的内容物还冲不出来，则需进行嗉囊切开手术。

手术时，先拔除嗉囊区皮肤上的羽毛，用酒精和碘酊消毒术部，然后切开皮肤和嗉囊，取出其中内容物，并用灭菌的生理盐水冲洗嗉囊，用碘酊消毒术部，缝合嗉囊和皮肤，最后再用碘酊消毒术部后，外涂抗生素或磺胺类软膏，并适当加以包扎。为了防止继发性细菌感染，也可适当用一些抗菌药物。

预防此病关键是平时要科学饲喂，日粮搭配合理，供给充足的饮用水，让鸟有一定的运动量，此外，要尽量防止树枝等杂物被鸟误食。

【诊疗注意事项】治疗期间不能喂得过饱。

软 嗉 病

【病因】软嗉病主要因为鸟摄食了发霉变质的饲料或不清洁的饮用水而引起。也可能有别的原因，如雏鸟受不健康的亲鸟哺喂而引起的嗉囊炎；如果是鸽子，也可能是由于亲鸽在哺雏期间雏鸽死亡，嗉囊内的乳液因无雏鸽食用，积于嗉囊内过多而引起嗉囊乳炎。

【临床症状】病鸟精神不佳，不采食，喜饮水，嗉囊胀满，手触软而有波动感，常常呕吐，呕吐物和呼出气的气味酸臭，口腔唾液黏稠。

【诊断要点】根据临床症状可以作出诊断。

【防治措施】查找原因，如果是由饲料和饮水引起，要立刻撤换发霉变质的饲料，同时换上清洁的饮用水，然后服用一些助消化的药物，这样轻症者一般能很快好转。病重者要进行嗉囊冲洗。

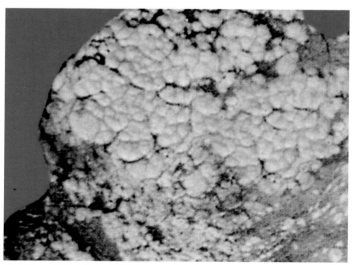

图193　嗉囊黏膜为慢性病变，黏膜病灶为大小点状不等的乳白色的隆起

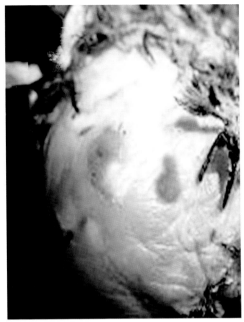

图194 软嗉病

　患病鸟由于嗉囊的发炎，嗉囊内产生气体，造成
嗉囊膨胀向体表外突出。嗉囊外皮肤发生脱毛现象。

图195 软嗉病

　嗉囊炎病情较短时，嗉囊黏膜壁有散在性充血。

冲洗时，先将鸟倒提，头朝下，用手轻轻挤压其嗉囊，使其中内容物排出。然后用橡皮导管（事先应清洗干净）轻轻插入嗉囊中，用2%盐水或20%的硼酸水灌洗。处理完毕，绝食一天，再喂给水泡的面包和牛奶。绝食时，可肌肉注射维生素 B$_{12}$，口服酵母片1～2片。让病鸟自饮小苏打水或硼酸水。

【诊疗注意事项】治疗期间要给一些容易消化的饲料，并且不能喂得太饱，要过几天后才能过渡到正常饲喂。

胃 肠 炎

【病因】本病是笼养鸟常见的一种消化道疾病，大多由饮食不洁引起，饲喂过多的青饲料也可引发该病，有时气候突变、营养不良、应激等引起机体抵抗力降低，也能诱发本病。

【临床症状】病鸟表现为精神萎靡，消化不良，粪便黏稠有恶臭，肛门周围常沾有粪便，有时出现便血。一旦出现便血则病情较重，很快便消瘦。

图196 病鸟表现为精神萎靡不振，食欲不佳，有时呕吐

图197　粪便黏稠有恶臭，肛门周围常沾有粪便

【诊断要点】主要根据临床症状，结合发病情况和气候变化等因素进行诊断。

【防治措施】病鸟要加强护理，并要隔离饲养。庆大霉素、卡那霉素、氟哌酸等多种抗菌药物都有较好的疗效，可酌情使用。

平时要注意笼具、饲料的清洁卫生，尤其不饮变质的水，不吃变质的饲料。夏天多饮些茶水、绿豆汤或盐糖水等，可起到预防作用。

【诊疗注意事项】在用抗菌药物治疗的同时，一定要注意供给足量的饮水并补充适当的电解质及维生素。

便　秘

【病因】鸟便秘可能由于饲养管理不善，饲料过于单调，缺乏脂肪性饲料、青绿饲料和砂粒，饮水不足，或突然更饲及喂了不易消化的饲料而引起。另外，某些传染性疾病或寄生虫病也可因肠道发炎、狭窄、扭转、阻塞等病理过程而引发继发性便秘。

图198　由于排便不畅，导致肛周肿胀，肛门括约肌外翻

【临床症状】病鸟食欲下降，不断有排便动作，但不见排出物。肛门膨胀，有时能触摸到粪便在泄殖腔内。病鸟烦躁不安，食欲锐减，羽毛蓬松。严重者脱水及中毒症状明显。

【诊断要点】依据临床症状可以作出诊断。

【防治措施】调治时，首先用温水将凝结在肛门周围的粪便洗去，然后灌喂5%的硫酸钠溶液5～10毫升或石蜡油3～6毫升。同时用5%的人工盐溶液作为饮水，或者利用滴管或带小胶管的注射器将蓖麻油滴入病鸟的泄殖腔内，同时轻轻按摩其腹部，促其排便。一次无效可重复几次。严重脱水及中毒症状明显者，要给予静脉补液及补充维生素C。

平时要注意多喂青绿饲料，保证充足的饮水，并增大运动量。

卵黄性腹膜炎

【病因】卵黄性腹膜炎是指卵巢上成熟的卵子异常地落入腹腔而引起的一种腹腔浆膜的炎症。引起卵巢卵子落入腹腔的原因较多，包括母鸟受到外界强烈的惊扰或受到突然惊吓；某些累及卵巢的传染性疾病使卵子及滤泡膜变性、破裂，输卵管的炎症或肿瘤引起输卵管管腔狭窄、闭锁、破裂或难产等情况，都可能导致成熟的卵子不能正常进入输卵管，反而直接或经破裂的输卵管进入腹腔，引起该病。

【临床症状】产蛋期的母鸟腹部明显膨胀下垂，行动迟缓，精神沉郁，食欲下降，长期不产蛋。如果是继发于传染性疾病者，同时可见原发性疾病的种种症状。

剖检病变是腹腔及其内脏器官的浆膜表面炎症，有黏稠或干酪样的卵黄样物质被覆。有些有腹水形成，腹水常较混浊。

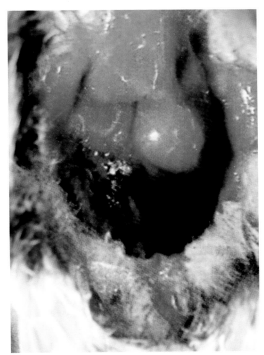

图 199　病鸟腹部日渐膨大，明显下垂。解剖后可见卵黄囊异常肿大，腹腔内有卵黄液

【诊断要点】根据临床症状和剖检病变能作出诊断。

【防治措施】多种抗生素和磺胺类药物都有消炎作用，可以选用。

平时要避免各种应激和惊扰，清扫、喂水投料等动作要轻，注意其他疾病的防治。

胰腺炎

【病因】胰腺既是内分泌腺，又是外分泌腺，其所分泌的胰岛素在调节糖代谢和血糖水平上具有重要作用，而胰腺含有多种消化酶，经各级导管排放到十二指肠，对肠内的食糜的消化和吸收起着重要作用。胰腺炎的发生多因诸如细菌、病毒等病原微生物的侵染、胆道疾患、外伤，以及胆道蛔虫等引起胰液不能正常排入十二指肠而外溢，并激活其中的消化酶，从而导致本病的发生。

【临床症状】发病比较突然，病情较急。鸟从栖木上或飞翔中突然摔下，不能站立或反复摔倒，喘气，食欲废绝，上腹好像有剧痛，死前常常有挣扎和休克表现。

剖检病变主要见于胰腺。

水肿性胰腺炎：胰腺呈局部性或弥漫性水肿，色苍白。

出血性胰腺炎：色深红，明显水肿，斑点状出血，腹腔内血性渗出物积聚。

图200　发病急，病情比较重，一旦胰腺炎病情发作，患鸟下杠摔倒，侧卧不起，更不能直立行走

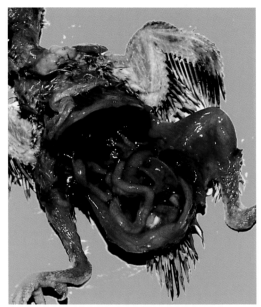

图201 出血性胰腺炎的病鸟腹腔内有血性渗出物积聚

坏死性胰腺炎：腺体强度充血，水肿，紫黑色坏死灶呈散在性或弥漫性分布，严重者大片坏死，腹腔积液混浊，并伴有恶臭。

【诊断要点】生前诊断极其困难，死后剖检才能最后证实。检查血糖值和胰淀粉酶的变化能有助于生前诊断，但实际意义不大。

【防治措施】本病难以治疗，要加强预防。平时要合理搭配饲料，搞好清洁卫生，增强鸟体抵抗力，防止其他疾病的发生。

糖 尿 病

【病因】糖尿病的发病原因还不十分清楚，可能与胰腺的功能异常有关。不同种属的鸟类，其血糖值有所不同。曾经有人实验，切除胰腺能导致食肉类鸟的血糖值升高到很高水平，但在食谷类鸟中则只有少数发生改变，有的甚至血糖反而会降低。

图202　病鸟身体消瘦，羽毛不整

【临床症状】病鸟食欲亢进，喝水量明显增加，排尿次数增多。鸟体极度消瘦，体重下降。血糖值可能达到很高水平。病情严重者，在临床上会出现脱毛、断毛的现象。

【诊断要点】根据临床症状，结合血糖和尿糖的检查结果可以作出诊断，其中尿糖的检查最具意义。

【防治措施】治疗可以肌肉注射胰岛素制剂，剂量依鸟体的反应而定。不过，除了少数珍稀鸟类外，一般不作治疗。

肥 胖 症

【病因】　肥胖症即脂肪在体内贮积过多，特别是在皮下和腹腔内。此病可发生于多种鸟类，特别多见于硬食性鸟和老龄鸟。本病的主要原因是长期过多地饲喂油脂性饲料，缺少运动。老龄鸟在优质蛋白质供应不足时，往往出现碳水化合物过剩的现象，导致过多的体脂在体内特定部位过度沉积，发生肥胖症。

　　【临床症状】肥胖症病鸟外部表现是体形肥胖。若用嘴吹开鸟腹部的羽毛，就能看到皮下一层黄色的脂肪。患鸟行动迟缓、笨拙，鸟不爱叫，不愿卧下，也不愿飞翔，稍一飞就呼吸急迫。由于体内脂肪堆积过多，影响心脏跳动，供血困难，造成鸟喘气，严重时可发生猝死现象，受惊吓或轰赶都会造成死亡。母鸟繁殖力下降，容易发生难产。剖检病变包括体内脂肪明显增多，肝脏、心脏和肾脏脂肪浸润，有时还有动脉硬化现象，尤以主动脉粥样硬化多见。

　　【诊断要点】过度肥胖而无明显临床症状，结合病史和对饲养情况的调查可以作出诊断。

图203　患鸟行动迟缓、笨拙，呼吸急促，多数患有肥胖症的病鸟都有不同程度的哮喘

【防治措施】治疗的办法是控制饮食，加大运动量。可将病鸟放入大笼中，增大运动空间，有条件的可放于室内，让其多飞、多动，消耗脂肪。要少喂苏子、蛋黄，增加青绿饲料。喂青饲料时要注意防止农药中毒，应洗净、阴干，不要带水，以免鸟儿吃食后拉稀。注射祛脂剂并适当补充维生素E，对改善体况会有所帮助。

预防在于科学饲养，合理搭配日粮，适当控制食量，经常饲喂一些青绿饲料，保持一定的运动量。

【诊疗注意事项】对肥胖症的鸟要逐步地消耗，不要过于性急，以免鸟承受不住环境及食物的突然变化。

眼　炎

【病因】眼炎是发生于眼睛及其周围组织的一种急性或慢性炎症，可累及眼结膜或眼角膜，有时两者同时受累。眼外伤，异物的侵入，细菌和病毒等病原微生物的感染，寄生虫（眼线虫）的侵扰，有害气体（如氨气等）的刺激，维生素A的缺乏等原因，都可能引起本病。

【临床症状】病鸟眼内分泌物增多，怕光，流泪，眼睑肿胀，疼痛，有时上下眼睑发生粘连，检查可见眼结膜充血，或角膜混浊和缺损，严重者失明。眼炎可以是单侧性的，也可以是双侧性的。继发于大肠杆菌、沙门氏菌、衣原体等病原微生物感染者和由于维生素A缺乏所致者，除了眼的局部症状外，还可见原发性疾病的相应表现。

【诊断要点】根据临床症状可以作出诊断，但必须注意与原发性疾病的鉴别。

【防治措施】治疗结膜炎，可用2%的硼酸水溶液洗眼，用金霉素眼药膏或四环素眼药膏挤入眼内，或用醋酸可的松眼药水滴眼。

治疗角膜炎时应将患鸽置暗处，尽量避开光亮，及时清除刺激物。同时要及时清洗眼内不洁分泌物。可采用普鲁卡因、氢化可的松青霉素滴眼。也可用甘汞、注射用葡萄糖粉按1:5混合，吹入眼内，每日1次，连吹3～5天。

图 204　由于病鸟眼内分泌物增多，上下眼睑发生粘连

图 205　上下眼睑水肿、怕光、流泪，是鸟类眼炎常见的症状

图206　图为患下眼睑炎的病鸟，临床表现为下
眼睑充血、眼周绒毛脱落

　　若是由病原微生物感染所致，除了对患眼进行局部治疗外，还应同时对原发性疾病进行全身治疗。

　　预防眼病要注意如下几点：保持环境卫生，保持空气清新，防止尘土飞扬；加强饲养管理，采取各种有效措施，杜绝或减少上述一切可以引起眼病的因素的出现；饲料营养配合要合理，尤其是要注意维生素A的合理补充。

痛　风

　　痛风是尿酸晶体在体内不同组织器官上沉积而引起的一种病理过程。根据沉积的主要部位的不同将其分类，主要有内脏型痛风和关节型痛风两大类。

内脏型痛风

【病因】尿酸是鸟类氮代谢的正常产物，是嘌呤和蛋白质分解代谢的最终产物。体内生成的尿酸大部分经肾脏排出，还有一小部分由肠排出，因而凡能引起急性或慢性肾功能损害、输尿管阻塞的情况都可能导致血中尿酸水平升高，以致发生尿酸盐在体内过多的沉着。引起肾功能损害的原因很多，如多种传染性疾病、霉菌毒素中毒及其他毒物中毒、缺水、维生素和无机盐的缺乏、高糖低蛋白的日粮、各种应激等；引起输尿管阻塞的原因可以是日粮中维生素A的缺乏和钙含量太高，也可以是各种原因引起的输尿管炎症。

【临床症状】内脏型痛风除了原发性疾病的症状外，一般没有特异性的临床表现，常见症状有厌食、虚弱，精神不振，严重的会死亡。剖检病变可见肝脏和心包表面出现灰白色尿酸盐斑块，或白垩色粉尘样物质。类似的病变还可见于腹腔及其内脏器官的浆膜面。肾中毒型者，肾脏肿胀变色，肾小管因充满尿酸盐而呈灰白色网状。阻塞型者，输尿管变粗，管壁增厚，因其内部充满尿酸盐而成灰白色粗索状。

【诊断要点】本病在生前诊断很难，血中尿酸水平的检测有一定的参考价值，但意义不大，通常都是在尸体剖检时才被发现。

【防治措施】本病至今还没有理想的治疗方法。用于治疗人类痛风的药物可以试用，但疗效不一。可以适当地补充一些维生素A，因为它有维持肾脏功能的作用。为控制继发性细菌感染，必要时可用一些抗生素。

加强饲养管理，讲究日粮的搭配，适当添加维生素A，给予充足的饮用水，避免受凉和各种应激，注意其他疾病的预防也有助于防止本病的发生。

关节型痛风

【病因】关节型痛风的原因至今还未完全明了，可能涉及多种因素，特别是遗传性因素和日粮中的蛋白质。日粮中的蛋白质并不仅仅指日粮中的蛋白质水平，而且与其中氨基酸不平衡而导致较多的尿酸形成有关。

【临床症状】关节型痛风的早期，病鸟似乎不见异常，或仅见跛行，不愿活动。体检可发现跗蹠关节和趾关节等处僵硬、肿胀并有疼痛感。随着病情的发展，病关节肿胀硬实，继而变形，失去疼痛感，经常拉稀，出现贫血，逐渐消瘦。剖检病变主要是关节肿胀变形，滑膜囊增厚，上面有灰白色尿酸盐晶状物沉着。

图207　患痛风病的病鸟，掌骨关节肿大

图208　经尸体解剖时所见：肾脏肿大，肾小管、输尿管均有尿酸盐沉积。此外，心包膜也有尿酸盐析出

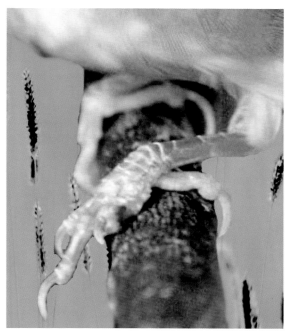

图 209　跗蹠关节肿大严重影响到趾关节的功能

【诊断要点】本病可以根据症状和体检结果作出初步诊断，血中尿酸值的测定有参考意义。要注意与病毒性或细菌性关节炎相鉴别。

【防治措施】治疗可以切开大的结节，清除乳油样的尿酸盐，这能改善跛行。为控制出血，要按压术部几分钟，必要时可作烧灼处理。在日粮中补充一些维生素A。适当控制日粮中的蛋白质水平，科学饲养。

啄 羽 症

【病因】啄羽症指鸟自啄或互啄而引起被啄鸟体表某部位羽毛过度脱落的一种病态表现。啄羽症的发生原因主要有以下几种：笼内养鸟过多，光线过强，温度过高，虱、螨等体表寄生虫的刺激，在配偶期雄鸟与雄鸟相互啄羽，饲料单调，搭配不当，造成维生素A和B族维生素及矿物质供应不足。

应当指出：育雏期的亲鸟在准备产下一窝的蛋时，为修补旧巢，也会啄取雏鸟的羽毛，但这并不是我们所说的啄羽症。

【临床症状】羽毛过度脱落是最常见的临床表现，特别多见于头部和背部的羽毛。由于具体的病因不同，除了羽毛过度脱落外，还会有一些其他的相应的临床症状，如：叶酸缺乏者，同时伴发贫血及羽毛颜色改变；泛酸缺乏时，常有皮炎出现，羽毛断碎不整；锌缺乏时，羽毛发脆易断，并且卷曲；体外寄生虫引起者，羽毛肮脏不洁，生长不良，认真检查还会发现寄生虫体或虫卵。

图210　啄羽症的患鸟全身羽毛杂乱无章，逆立不顺

图211　患鸟的胸前羽毛已被啄残，临床上出现羽毛缺损、断毛折根的现象

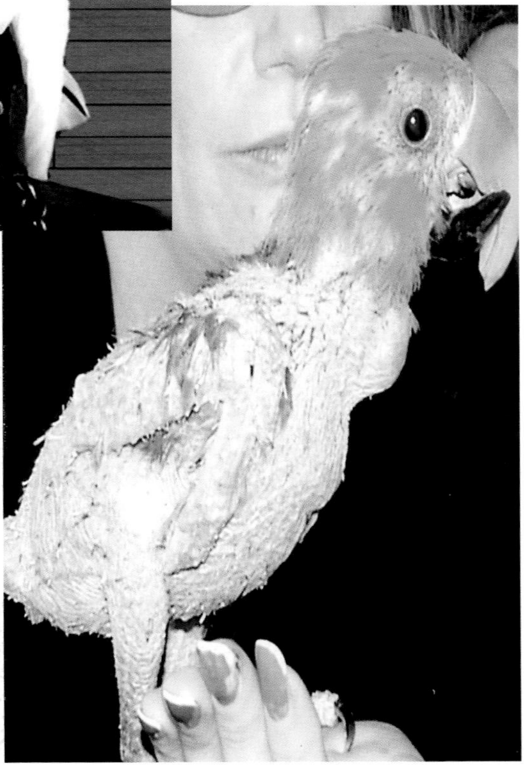

图212　由于寄生虫及皮炎的混合感染，使患病鸟不停地啄羽，造成患鸟全身的羽毛缺损

【诊断要点】根据临床症状，可以作出诊断。

【防治措施】针对病因采取措施，降低饲养密度，注意不让光线太强或温度过高，科学搭配日粮，针对性地补充相应的营养素，同时加喂适量的羽毛粉和天然石膏，在笼内放置一些新鲜水果和蔬菜任鸟啄食，定期驱杀体外寄生虫。

如果育雏期亲鸟为修补旧巢而啄雏鸟羽毛，可以将雏鸟与亲鸟分开饲养，并给予足够的筑巢材料。

这里要特别指出，鹦鹉发生啄羽症时常常久治不愈，为了防止再度啄羽，可以给鸟剪一纸环围于鸟颈部以使鸟不能啄羽，待新羽长出后，鸟就会克服掉啄羽嗜好。注意纸环套要用硬纸板剪制成，套口不影响鸟的呼吸和头部运动，纸环宽窄以鸟嘴不能啄到羽毛为准。

休　克

【病因】休克是指机体对各种强烈刺激所产生的一种抑制性反应。引起休克发生的原因较复杂，外伤、出血、触电、过敏和中毒等都能对中枢神经系统产生不同强度的刺激，当刺激强度达到一定程度时，机体即发生一种保护性的抑制，出现休克。最常见的是由意外创伤或外科创伤流血过多所引起的休克。

【临床症状】病鸟起初出现短暂性的兴奋，不久即转入昏迷状态，对外界的刺激反应淡漠，心跳和呼吸减慢，救治不及时会引起死亡。

【诊断要点】依据临床表现可以作出诊断。

【防治措施】一旦发生休克，要立刻将病鸟放至温暖处，加强护理。由出血过多而引起的要首先止血，同时皮下或静脉注射适量的等渗生理盐水或葡萄糖盐水和维生素 C。

中　暑

【病因】中暑是体温调节失控，体热过分蓄积于体内而引起的一种疾病，多发生于夏天高温季节。鸟类缺乏汗腺，新陈代谢过程中产生的体热主要通过呼吸及体表的辐射、传导和对流的方式将过多的体热转移到周围环境，以保持和调节体温的恒定。当夏天周围环境温度过高，通风不良，以致于多余的体热无法转移而蓄积于体内时，就发生中暑。

【临床症状】病鸟出现兴奋现象，呼吸急促，体温升高，张口喘气，呼吸加快，精神沉郁，闭目呆立，严重者可见昏迷和死亡。剖检病变包括大脑及脑膜充血、出血，静脉淤血，血凝不全和尸冷缓慢。

图213　中暑的鸟，临床上常表现为精神沉郁，呼吸急促，体温升高，闭目呆立，严重者可见昏迷和死亡

【诊断要点】根据临床症状、发病情况，再结合当时气温及环境等因素综合分析，可以作出诊断。

【防治措施】立即将病鸟转移至阴凉通风处，头部用浸透冷水的湿毛巾敷上，同时喂服凉茶水加红糖。

夏天炎热，要把鸟笼挂在阴凉通风处，不要让太阳直接照射鸟笼；鸟笼内鸟的密度不能过大，不能断水，这些都有助于防止中暑的发生。

鸣叫失音症

【病因】鸣鸟突然不鸣称为失音。病因目前还不下分清楚，可能是如下几种原因造成的：从温暖处突然移到寒冷处，喉管受刺激而造成，喉管和鸣管患有疾病影响鸟的鸣叫，鸣肌撕破或鸣肌疼痛，突然受惊吓。

【临床症状】鸣鸟突然不鸣。

【诊断要点】根据临床症状作出诊断。检查时不要忽略检查失音鸟的喉管和鸣管，以便及时发现其疾患。

【防治措施】治疗方法是：将失音鸟放入温暖处，冬季室温宜在16℃以上。也可用一碗水加3滴葡萄酒让鸟饮用。如果由于喉管和鸣管患病而失音，要注意治疗原发性疾病。

关 节 炎

【病因】关节炎病是由于鸟长期缺乏活动，鸟舍内太潮湿使鸟严重受凉，患有痛风及受外伤等引起的。

【临床症状】关节炎有的在翼部，在翼部的又叫翼病，表现为翅膀下垂、发抖，无法展伸，影响飞翔。在腿部的是腿关节炎，有炎症或肿瘤，使腿麻痹，不能正常站立行走，只能跛行或爬行。

【诊断要点】根据临床症状，再结合其生活环境的调查、先前所患疾病的调查等可以作出诊断。

【防治措施】病鸟患部可涂松节油加按摩，或用碘酒、樟脑油涂擦。还可以用伤湿止痛膏敷贴固定关节。同时口服四环素1/4片、可的松1/16片，日服3次，好转为止。还要让病鸟经常洗澡、晒太阳，适当地活动。若由其他疾病引起的关节炎，要同时治疗原发性疾病。

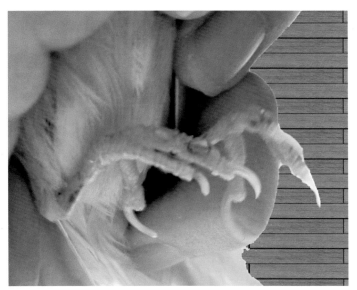

图214　关节炎发生在趾关节上，直接影响病鸟的行走

图215　由于痛风引起的跗蹠关节肿大

图216　足关节炎引起的足关节肿大，通常表现为跗关节着地或侧卧蹲在地面

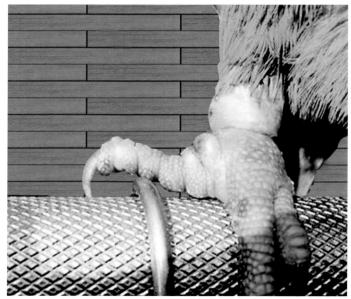

图217　小腿及跗蹠关节、趾关节均有炎性反应，临床表现为肿胀、僵硬并有疼痛的感觉

甲状腺肿大症

【病因】食物中含碘不足，是导致鸟发生甲状腺肿大的最根本的原因。

【临床症状】甲状腺肿大常累及气管和鸣管，致使鸟呼吸困难。慢性甲状腺肿可压迫封闭食管，使鸟出现呕吐或嗉囊下垂现象。

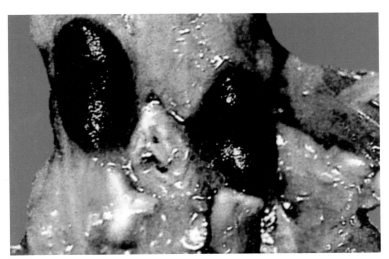

图 218　碘缺乏症
　由于碘缺乏，甲状腺的合成减少，导致甲状腺体肥大，甲状腺呈对称性肿大。

【诊断要点】根据临床症状可以作出初步诊断。

【防治措施】在治疗与预防上，主要是给鸟补充碘元素。种子食物中碘的含量不足，牡蛎壳、鱼肝油中含有丰富的碘，鱼肝油因含碘量太高而必须稀释后再用。这时应避免给鸟喂未煮熟的大豆粉，因生大豆粉可能导致甲状腺肿大。

骨 折

【病因】鸟体某部位的骨骼发生断裂的情况称为骨折。骨折按断裂的程度可分为不完全性骨折（部位断裂）和完全性骨折（完全断裂），按断骨端口有没有露出伤口之外分为开放性骨折（断骨端露出伤口之外）和闭合性骨折（该部皮肤仍保持完整）。骨折可发生于任何部位，但以翅和后肢的长骨骨折最为常见。

鸟遭受意外时会发生骨折；捕捉不当时会发生骨折；软骨病鸟有时也会发生自发性的骨折。

【临床症状】外伤性骨折一般是单侧性的，其临床表现与骨折部位有关。骨折的局部常有出血、肿胀、疼痛和功能障碍。如翅膀发生骨折时，发生骨折的翅膀下垂，病鸟无法飞行；腿部骨折时，病鸟会单脚站立，发生骨折的腿悬吊着，患鸟不能行走或单腿跳跃而行；当趾掌骨骨折时，病鸟站立不稳，发生骨折的腿不敢着地。如果是完全性、开放性骨折，其症状更为严重。

【诊断要点】本病的症状有特征性，不难作出诊断。可以借助 X 光诊断，进一步确诊骨折的类型和性质。

【防治措施】翅膀骨折一般无法恢复。腿部发生的闭合性骨折可用火柴盒的木皮做夹板，夹在患部的两侧，并用线绑好。如果是开放性骨折，应先用双氧水清洗伤口，再整复断骨、缝合皮肤，并用碘酊作局部消毒。随后用薄木片或硬纸板做成的小夹板夹住骨折两端，加以固定包扎。一定要把病鸟放在小木盒中单独饲养，减少活动量，木盒要保持干燥，不要喧闹，在饲料中增加蛋黄等营养物质，适当补给钙和维生素 D，促进骨骼愈合。为预防继发性细菌感染，可以酌情使用一些抗生素。在非感染性伤口的情况下，一般两周后即可去掉夹板，逐渐恢复腿的功能。

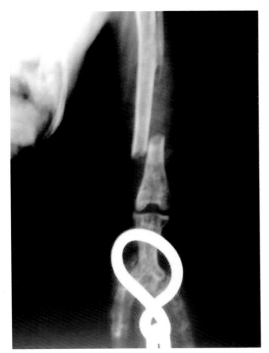

图 219　鸟胫骨远端骨折

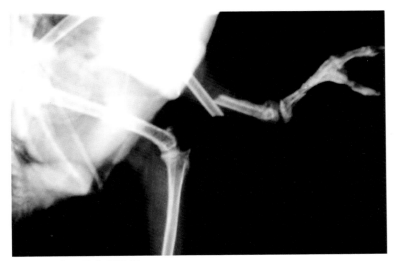

图 220　鸟胫骨中段骨折

趾肿和趾脱落

【病因】 趾肿和趾脱落是笼养鸟中常见的一种趾部疾病。引起本病的原因通常是因为饲养管理不善，笼内鸟粪没能经常清除，鸟常在粪便上行走发生足趾的局部感染；外伤、蚊子等昆虫咬伤；寒冷季节保暖工作没有做好，鸟被冻伤等。

【临床症状】 轻者发生局部红肿、发热，行走不便或跛行，有疼痛感。如果不及时处理，局部组织化脓、坏死，进而使趾骨脱落，病鸟行走困难，不能抓握栖木。

【诊断要点】 该病临床症状特征明显，据此可以作出诊断。

【防治措施】 将病鸟提出，用高锰酸钾溶液、新洁尔灭溶液、藻百毒杀溶液清洗并浸泡患部1~2分钟，每天2~3次。病情严重者在作上述处理后，再用四环素软膏等局部涂抹，口服或肌注抗生素或磺胺类抗

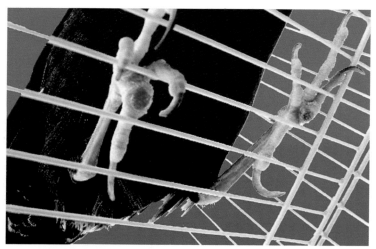

图221　局部有充血、出血、红肿、发热等炎性表现，行走不便或跛行，有疼痛感

图 222　由于外伤造成鸟的桎梏断裂，趾尖缺损

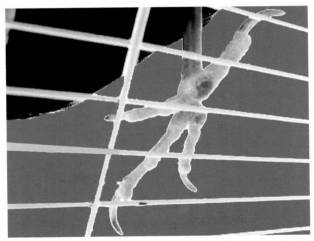

图 223　掌趾关节底部，由于长期磨损，造成溃疡、红肿，不能正常行走

菌药物。与此同时，要针对病因搞好环境卫生，清理粪便，消毒杀虫，做好保暖工作。

　　平时要加强饲养管理，及时清除粪便。消灭四害，搞好环境卫生。注意防寒保暖。

尾脂腺炎

【病因】尾脂腺是鸟类特有的一种腺体，位于鸟体的尾端背侧。尾脂腺的分泌物含有丰富的油脂和角固醇。鸟类在梳理羽毛时，常用嘴啄取尾脂腺分泌物涂抹羽毛，以保持羽毛的光泽并使其有防水的功能。分泌物中的角固醇能在阳光（紫外线）的作用下转变成维生素 D，被鸟的皮肤吸收。

鸟因外伤或其他疾病而长期不梳理羽毛，引起细菌性继发性感染是引起尾脂腺发炎的最常见原因。缺少沙浴和水浴等，使鸟体不洁也能引发本病。夏季蚊虫叮咬或外伤后受粪便污染，或栖杠、笼条使鸟趾感染等均可引起本病的发生。饲养管理不当，卫生条件不良对本病也有促发作用。

【临床症状】因为腺体感染发炎，分泌物排泄不畅，引起腺体红肿，鸟体温升高，尾部肿大，羽毛竖立，食欲下降，有人把这种病叫"起尖"。严重者可致死亡。

图 224　腺体发炎表现

　　由于腺体感染发炎，分泌物排泄不畅，尾根部肿大，皮下出血，羽毛逆立或脱落。

图 225　同图 224，尾部脱毛严重

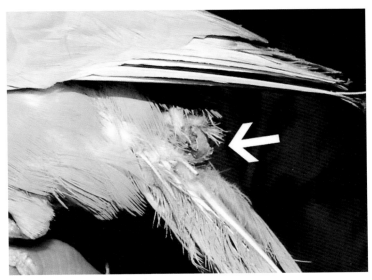

图 226　尾脂腺发炎、红肿

图227　腺体感染发炎，分泌物排泄不畅，引起腺体红肿，红肿突出于皮肤表面

图228　尾脂腺的炎症使病鸟的尾部肿大，尾部羽毛竖立，腺瘤周围的羽毛脱落

【诊断要点】根据症状和局部检查可以作出诊断。

【防治措施】治疗时要由前向后轻轻挤压尾脂腺，将阻塞腺体的黄白色分泌物挤掉，用脱脂棉擦净，再在腺体上涂碘酒，3～4天后可治愈。如若红肿不退，还可再挤一次，再涂上碘酒。病鸟要多喂清洁饮水，增加苏子和蛋黄等高营养食料，使其体力尽快恢复。在治疗期间，鸟笼不要随便移动，环境不能忽冷忽热，并保证室内空气流通。

平时注意清洁卫生，定期给予沙浴或水浴，防止外伤，这些都有助于预防本病的发生。

蛋 阻 症

【病因】雌鸟产蛋时，如果蛋阻塞在输卵管中，排出困难，称蛋阻症或难产。造成此病的原因大多是雌鸟营养过剩，肥胖，有时也有鸟蛋过大的原因。输卵管炎症或输卵管肿瘤引起输卵管下段狭窄或闭锁，输卵管管壁肌肉的张力降低或部分麻痹；腹膜炎引起肠与输卵管的粘连；血钙水平下降致使输卵管的蠕动减弱；来自外界的突然惊吓等都可能引起难产。

【临床症状】病鸟烦躁不安，羽毛竖立，伏巢不起，尾部急速抽动，肛门不断努力呈排粪状。不同种类的鸟表现有所不同，如金丝雀发生蛋阻症时，常见翅和尾下垂；长尾鹦鹉发生蛋阻症时，会两脚分开而坐，身体直立如企鹅。如果是慢性病例，可见病鸟厌食，下痢，进行性腹部膨胀，呼吸困难，常常会继发腹膜炎和气囊炎。

【诊断要点】当种母鸟出现上述症状时，可以作出诊断。有条件的进行X线检查将有助于确诊。

【防治措施】可向雌鸟泄殖腔内滴2～3滴蓖麻油，然后用手抚摸腹部，使鸟蛋得以润滑，再把鸟放入巢内让其自行产蛋。如果这样还产不出来，则将雌鸟的嘴掰开，滴2～3滴普通白酒，促进鸟血液循环，用湿布热敷泄殖腔，并轻轻压迫雌鸟的腹部，使鸟蛋排出。如还不行，只有用镊子或探针伸入泄殖腔内把蛋捣碎，使其排出。若有炎症，泄殖腔周围红肿，可涂消炎软膏和碘酒、红药水，预防继发性细菌感染。

预防本病要加强饲养管理，保持鸟的适当运动量，不让鸟太肥，产蛋期间要避免外界的惊扰，并注意其他疾病的防治。

【诊疗注意事项】在作 X 线检查时，如果蛋壳如皮革样未钙化时，对 X 线检查结果的评价要慎重。

皮下气肿

【病因】鸟的头颈或躯干等部位的皮下充满气体称为皮下气肿。鸟的气囊和含气骨是鸟类特有的组织结构，它们与鼻腔、喉头、气管、支气管、鸣管、肺一起构成鸟类的呼吸系统。在日常饲养管理过程中，如果操作过于粗暴，或抓捕不当，引起气囊破损，或发生骨折和呼吸道损伤，随呼吸吸入的空气透出呼吸器官而进入皮下，就会引起皮下气肿。

【临床症状】积气部位皮肤膨胀隆起，状如气球样，触之有弹性感。严重者，鸟体皮下皆可充气，鸟体变得滚圆如球状。

图 229　皮下气肿

图 230　雏鸟发生的皮下气肿

图 231　皮下气肿

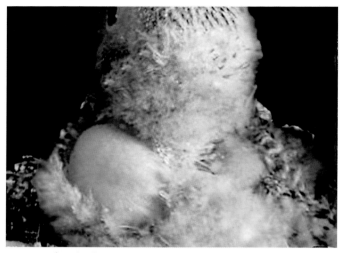

图232　皮下气肿

图233　皮下气肿

【诊断要点】本病的症状特征明显，有特异性，不难作出诊断。

【防治措施】如果是单纯的皮下气肿，可用一支消毒过的粗针头刺破气肿部的皮肤，将积气放掉，即可恢复正常。如有反复，可以重复放气。假如是由骨折或其他严重的创伤而引起的，可在处理骨折或创伤的同时，再按以上方法放气。

预防在于注意日常各种操作动作要轻柔，防止骨折和其他意外伤害。

头部外伤及脑震荡

【病因】头部外伤指头部皮肤、颅骨或脑部的损伤，病情轻重不一，差异很大。由于日常管理操作动作过分粗暴，或遇外界突然侵袭，或在笼中乱飞乱撞，导致发生头部撞伤。

【临床症状】这一类病的临床症状差异很大，从仅仅是头部皮肤轻度挫伤出血至颅骨受伤，脑部受震，到病鸟昏迷不醒。

【诊断要点】根据发病情况和临床表现可以作出诊断。

【防治措施】轻者可作局部处理，在伤处涂抹红药水或紫药水，出血严重者可以在出血部位撒上一些云南白药或消炎药粉。皮肤破裂严重者，在用双氧水作局部清洗消毒后，再缝合皮肤，并用碘酊消毒。若损伤较严重昏迷不醒者，可以在局部处理完毕后，将鸟转移到温暖安静的环境中，加强护理（即使苏醒，一般都会留下后遗症）。

要科学地进行日常管理，操作动作要轻柔，要避免鸟被犬和猫侵袭，这是防止本病发生的主要措施。

肿 瘤

肿瘤是指鸟体在某些致瘤因素作用下在身体某部位形成的一种异常增生的组织，即鸟体的某一部位发生不是由炎症直接引起的局部肿胀，其以生长能力旺盛，但与整个机体的生长不协调，组织结构异形性明显，形态表现多种多样为特征。

【病因】目前除了少数肿瘤外，对大多数肿瘤的病因仍不清楚，它的发生可能与物理性、化学性和生物性等多种因素有关，其中后者如霉菌毒素、某些致瘤病毒等在鸟肿瘤的发生上可能更具重要性。

鸟肿瘤多发生于年龄较大的鸟。肿瘤可以发生在任何部位，其中以皮肤及皮下、肝脏和生殖器官的肿瘤较为多见。

肿瘤有恶性肿瘤和良性肿瘤两大类。恶性肿瘤一般生长速度快，多呈侵润性生长，与周围正常组织无明显的界限，组织异形性明显，肿瘤细胞分化程度低，容易发生转移，对鸟的危害性大，通常恶性肿瘤都以死亡告终。良性肿瘤一般生长缓慢，多呈膨胀性生长，与周围正常组织有明显的界限，常有完整的包膜包裹，组织结构的异形性不明显，分化程度较高，不发生转移，对鸟的危害性较小。

【临床症状】鸟肿瘤的临床表现差异很大，根据肿瘤发生的部位、性质、体积大小和对邻近组织的压迫或侵害程度的不同而有所不同。

我们所见鸟类的肿瘤以皮肤及皮下肿瘤较为多见，一般多发生于头、颈、四肢、胸腹部。良性肿瘤呈膨胀性生长，凸出皮肤表面，大小不一，颜色多为黄褐色，表面较为粗糙，肿瘤部位的羽毛脱落或显得稀疏。恶性肿瘤生长很快，可呈浸润性生长，含血管较为丰富，表面常有糜烂、出血或坏死；病鸟初期没有任何症状，或仅见受累部位出现一些功能障碍及啄癖；随着病情发展，其功能障碍明显，病鸟迅速消瘦、贫血、衰竭，最后死亡。

肝脏的肿瘤比较复杂，表现多样。目前已发现的肝脏良性肿瘤有血管瘤和腺瘤；恶性肿瘤有未分化肉瘤、纤维肉瘤、肝癌、胆管癌等。原发性肝肿瘤的肝脏多呈局灶性或弥漫性肿大，斑驳，或如结节样。胆管癌多为囊泡性的。肝癌和胆管癌都呈局部性侵润性生长，并能发生转移，肝癌一般多取血循环的途径转移到肺或其他组织，胆管癌则多以种植性转移的方式转移到腹腔内脏器官的浆膜面。病鸟腹部膨胀下垂，呼吸困难，嗜睡，消瘦，间歇性便秘或下痢，间有腹水形成或腹腔积血。

　　生殖器官的肿瘤母鸟一般发生于卵巢，公鸟多发生于睾丸，其中以母鸟卵巢肿瘤为多见。发生于卵巢的良性肿瘤为卵巢腺瘤，恶性肿瘤为卵巢腺癌和颗粒性细胞瘤。病鸟长久不产蛋，腿麻痹，腹部膨胀隆起并有所下垂，可有腹水形成。肿瘤的形态多样，卵巢呈局灶性或弥漫性肿胀。一般的瘤体为实体性，也有呈囊泡样的，内有大小不一的囊泡。肿瘤质地较为硬实，具有乳油样色泽。卵巢腺瘤多呈膨胀性生长，不发生转移，而恶性卵巢肿瘤则多呈局灶性或弥漫浸润性生长，并常以种植性转移的方式在腹腔内发生转移。

　　【诊断要点】本病根据临床症状和眼观病变很难作出诊断。进行腹水细胞学的检查，结合对腹部射线照片的分析有助于腹腔肿瘤的诊断；血液细胞的检查和计数、分类能为白血病的诊断提供依据；血液生化的

图 234　发病于口中的口腔黏膜上皮肿瘤

图 235　临床上发病于鼻周及上喙部位的增生组织

图 236　发生在鸟翅上的纤维肌瘤

192

图 237　生长在鸟翅上的良性上皮肉瘤

图 238　在临床上，国内有些专家认为，鼻镜的颜色改变，是因为
精巢方面的肿瘤所引起的病征

测定，对胰腺和肝脏的肿瘤诊断会有所帮助。尽管如此，确诊只能在尸检和对病变组织进行病理组织学检查后才能作出。

【防治措施】肿瘤病的治疗原则一般是对孤立和局限性的肿瘤在可能的情况下作外科切除或截去患肢处理，而播散性肿瘤则可以试用通常用于哺乳动物的抗癌化疗剂。

加强饲养管理，搞好清洁卫生，合理搭配日粮，供给充足而新鲜的饮用水，增加鸟的活动量，提高鸟体的健康水平，对肿瘤的预防也许会有所帮助。

禽 流 感

禽流感是由 A 型流感病毒引起的一种禽类传染病。

根据禽流感病毒致病性和毒力的不同，可以将禽流感分为高致病性禽流感、低致病性禽流感和无致病性禽流感。禽流感病毒有不同的亚型，由 H5 和 H7 亚型毒株（以 H5N1 和 H7N7 为代表）所引起的疾病称为高致病性禽流感。高致病性禽流感危害巨大，世界动物卫生组织（OIE）将高致病性禽流感列为 A 类传染病，我国将其列入一类动物疫病病种名录。

禽流感不是一种新病，1878 年首次报道了意大利鸡群暴发一种严重的疾病，当时称为鸡瘟。1955 年证实这种鸡瘟病毒实际上是 A 型禽流感病毒，1981 年在第一次国际禽流感会议上将此病正式命名为禽流感。

在有记载的禽病史上，禽流感是一种毁灭性的疾病，每一次严重的暴发都会造成巨大的经济损失，在美洲、欧洲、亚洲、非洲、大洋洲等世界上许多国家和地区都曾发生过本病。

【病因】禽流感的病原是黏病毒科正黏病毒属中的 A 型流感病毒。禽流感的传播有健康禽与病禽直接接触和健康禽与病毒污染物间接接触两种途径。禽流感病毒存在于病禽和感染禽的消化道、呼吸道和禽体脏器组织中，因此，病毒可以随眼、鼻、口腔分泌物及粪便排出体外，含病毒的分泌物、粪便、死禽尸体污染的任何物体，如饲料、饮水、禽舍、空气、笼具、饲养管理用具、运输车辆、昆虫以及各种携带病毒的鸟类等均可机械性地传播。健康禽可通过呼吸道和消化道感染，引起发病。禽流感病毒可以通过空气传播，候鸟的迁徙可将禽流感病毒从一个地方传播到另一个地方，通过污染的环境（如水源）等可造成禽群的感染和发病。带有禽流感病毒的禽群和禽产品的流通可以造成禽流感的传播。

　　多种家禽、野鸟和笼养鸟都能感染本病，其中以火鸡和鸡最为易感。金丝雀和雀科中的鸣鸟发病率也较高，且常常是带毒者。

　　【临床症状】禽流感的潜伏期从几小时到 3 天不等，潜伏期的长短依赖于感染病毒的毒性、感染途径、被感染体的种别和鸟体的状态。急性感染的禽流感无特定临床症状，在短时间内可见精神萎靡、食欲废绝，体温骤升，呼吸道症状明显，下痢。后期出现神经症状，并伴有大量死亡。慢性病例多表现出咳嗽、打喷嚏、呼吸有啰音等呼吸道症状，同时可见结膜炎、鼻窦和颜面肿胀。剖检的主要病变是鼻窦炎、气管炎和气囊炎。野鸟多呈隐性感染，但也有大量燕鸥发病死亡及严重腹泻和不能飞翔的记录。

图 239　被感染的鸟，当病毒侵害神经系统后，病鸟会出现神经症状：颈部扭转，双腿呈劈叉状态

图 240　部分病鸟会出现角弓反张的症状

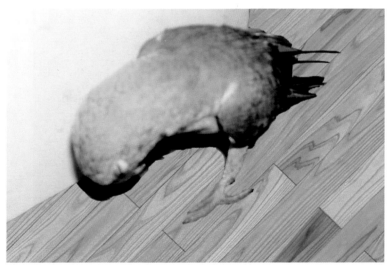

图 241　病鸟精神极度萎靡，饮食废绝，闭目呆滞

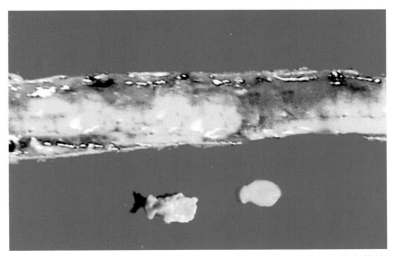

图 242　在病理解剖时肉眼所见：由于炎症的侵袭，气管黏膜表面充血并伴有大块黄白色干酪样假膜

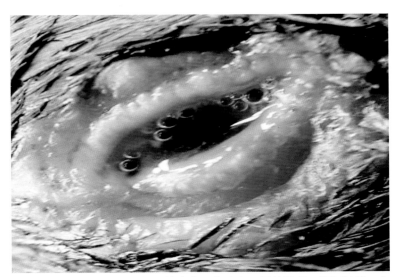

图 243　受到禽流感病毒侵犯的病鸟，临床上可见结膜炎、颜面肿胀，上下眼睑水肿，眼内分泌物增多

【诊断要点】根据发病情况、临床症状和剖检病变，结合病原的分离鉴定和血球凝集抑制试验、琼脂凝胶沉淀试验等血清学试验的结果进行诊断。

【防治措施】本病目前还没有理想的治疗方法。封锁、扑杀和妥善处理病死鸟、彻底消毒被污染的场地、笼具等，是一个较好的选择。按规定其程序应当如下：首先，扑杀掉全部发病鸟只；然后对整个鸟舍喷洒有效的消毒剂，将有机物包括粪便清除，再用洗涤剂清洗表面，之后再用次氯酸钠溶液消毒、福尔马林熏蒸等方法消毒，以杀灭鸟舍内的流感病毒。

红冠雀

小翠鸟

豆嘴鸟

黄莺

鸮

棕雀

鵰

啄木鸟

太平鸟

翠 鸟

金刚鹦鹉

鱼 狗

禿鹫

金雕

鸵鸟

红头啄木鸟

斑头啄木鸟

猴面鹰

红胸鹦鹉

蜡嘴雀

灰头长尾雀

丹顶鹤